MZ세대들이 반드시 알아야 할
4차산업시대 기술의 기본

# 첨단기술의 이해

## 공동 집필자 약력(가나다순)

**강 구 봉**(bluekang5160@daum.net)

기계공학석사, 기계기술사, 기술지도사, 대구광역시 명장, 지도사우수숙련기술자, 신지식인, 산업포장 수훈(2016년),
대한민국산업현장 교수, 집필 총괄 책임자.
(現) ㈜KPL경영기술원 대표 21년차, 삼성그룹(중공업 등) 생산기술 25년, 스마트공장 지도.
저서 : 생산·설계기법과 공장관리 지침(기전연구사, 2019) 외 3권.

**김 관 식**(kks27598@naver.com)

기계공학석사, 금형기술사, 기능장, 현대/기아자동차 27년 금형설계전문가.
(現) 뉴젠이노베이션㈜, 홍성폴리텍대학 겸임교수, 대한민국산업현장 교수, 현대/기아자동차㈜ 협력업체 지도 13년차,
금형설계CAD교육, EGS경영/탄소중립/스마트공장 지도.
저서 : 스마트제조혁신과 기업생존전략.

**김 현 택**(htgimace@hanmail.com)

공학석사, 자동화설비개발 경력 35년.
(現) 대한민국 산업현장 교수, 연구개발(R&D) 전문지도, 공정개선, 탄소중립, ESG경영혁신 바우처 지도위원,
스마트공장 컨설팅 전문위원, AI공정 전문가, 일터혁신컨설팅 전문위원, 기업맞춤현장훈련 전문위원, 일학습병행 심사위원,
소상공인 교육사.

**이 장 범**(redcoms@naver.com)

교육학박사, NCS기업활용컨설턴트, 신기술융합R&D기획마스터, NCS신직업전환 교수
(現) 단국대학교 강사, 한국산업인력공단 NCS개선 점검위원/과정평가형 평가위원/출제위원, 직업능력심사 평가원위원,
인공지능컨설턴트, 디자인씽킹전문가, 기업가정신교육전문가, 창업지도사.
저서 : AI블록체인과 브레인경영, 포스트코로나 미래비전, 미래유망자격증.

**정 지 영**(jjjyeong@naver.com)

대한민국산업현장 교수, 품질&생산관리/HRD 지도, 산업포장 수훈, 영진전문대학교 컴퓨터응용 기계계열 교수 역임,
LG 디스플레이 20년 근무, TPM, NCS기업 지도전문.
(現) HIQ경영개발원 원장, 경북산학융합원의 전문위원.
저서 : 스마트제조혁신과 기업 생존전략.

MZ세대들이 반드시 알아야 할 4차산업시대 기술의 기본

# 첨단기술의 이해

강구봉 · 김관식 · 김현택 · 이장범 · 정지영
공저

기전연구사

# 머리말

**MZ세대 당사자들에게 조언의 말씀으로,**

이 서적의 저자들은 현장 실무 경험을 많이 한 사람들로, 미래를 내다보는 저희들의 의견들은, 우리나라 산업 분야의 일을 이어 받을 여러분들에게 권유의 말씀으로, 다음 몇 가지를 제시하면서 첨단기술의 사회로 나아가는 길에서, 자신이 하는 일이 재미가 있고, 보람된 직장이 되며, 자신의 일이 꽃을 피울 수 있도록 안내를 하고자 합니다.

첫째, 모든 분야가 경쟁이 치열한 사회에서, 전문 분야의 선택은 본인의 적성에 맞는 방향과, 여러 사람들의 조언을 받으며, 전문성이 있는 기술 분야로 나아가, 평생 직업이 될 수 있는 쪽을 고려한다면 본 서적이 제시하는 산업 분야의 엔지니어의 길로 가면 미래에 희망이 분명히 있다고 보입니다.

둘째, 4차산업시대의 산업 분야가 급속한 발전과 다양함에, 우리들의 준비는 기초 과목의 확실한 이해와 습득이 우선이며, 요즘 사회는 문무(文武)의 차별이 없어져, 자기분야에서 능력이 발휘되면 얼마든지 대우를 받을 수 있는 사회로 변모해 가고 있으니, 나의 장래를 위하여 이공계로 진출할 것을 권유합니다.

셋째, 분야별 첨단기술이 발전되고 있는 현 시대를 보는 시야를 넓고 높게 내다보면서, 선진국의 체험학습과 견학을 한다면 자신이 가는 길에 많은 도움이 되면서, 미래의 좌표를 향해 꿈꾼다면 알찬 성과가 나타나리라 생각됩니다.

**학부모님들께 권유의 말씀으로,**

첫째, 자녀 교육에서, 바라는 목표가 부모님의 뜻에 만족하지 못한다는 점 누구나 알고 있지만, 가정교육을 제대로 해 놓으면 그 자녀들은 올바르게 자라서 자기 갈 길의 판단과 사회 구성원에 필요한 사람이 될 수 있다고 보여지며,

둘째, 우리나라의 교육열과 지적 수준이 높은 것은 '어머니들의 치맛바람'이라 보이니, 계속해서 깊은 관심이 자녀를 위함이라 생각하며. 이에, 미래의 전망이 있고, 100세 시대에, 오래도록 일을 할 수 있는 분야가 이공계의 엔지니어로 가는 길이 아닌가 사료되며,

셋째, 향후 자녀의 진로는, 본인 성격과 의지, 지도 선생님들의 조언을 받아 결정하는 한편, 꿈을 펼칠 수 있는 국제적 감각을 익힐 수 있도록 젊었을 때 기회를 만들어 주시는 것이 훗날 자녀들에게 큰 도움이 되리라 생각됩니다.

'돈이란 없다가도 있지만, 교육의 기회는 놓치면 다시 하기 어려운 것이다'

**지도 선생님들의 전문 지식 함양을 위한 말씀으로,**

첫째, 시대의 흐름에서 모든 분야의 발전의 속도가 빨라서 따라가기 힘들 정도인 고도산업사회의 전문성이 느껴지고 있는 현대 사회에서, 교육자의 역할과 의무감 등에 많은 스트레스를 받을 것이라 생각되는데, 신세대 교육에 필요한 전문 지식 확보를 위한 자기 개발의 노력이 필요로 하다고 사료되며,

둘째, 교육을 시키는데 있어서 중요한 것은, 피교육자가 기초를 튼튼히 배우고 익히도록 하여, 학창시절 때 배운 기본 지식만 잘 갖추게 하여 취업의 길에서는 선생님들의 역할을 다했다고 생각하는 바이고,

셋째, 또한, 기업체 현장에서 주문하는 사항이 학생들의 기본 자세에서, 인간 됨됨이와 성실성이니, 이처럼 인성교육도 중요한 요소이므로, 전공의 지식과 병행하면서 인재 육성을 해야 한다고 봅니다.

**교육부의 교육정책에 대한 바램의 말씀으로,**

첫째, 기술교육의 중요성과, 미래 지향적인 인재 육성과 일자리 창출을 위한 말씀으로는, 우리나라가 공업 선진국으로 가는 입장에서, 인재 부족으로 인한 어려운 점은, 하루아침에 인력양성이 만들어지는 것이 아니나, 속성 과정을 만들어서라도 추진하고 나아가야 하며, 금전적 지원도 중요하지만, 학생들의 능력 향상을 스스로 깨우쳐 갈 수 있는 학습의 여건을 만들어 주는 것이 더욱 중요하다고 사료되고,

둘째, 또한, 기능인, 기술인 처우에 대하여 세심한 배려를 하면, 양적인 기술인력 확보에 도움이 되고, 산업기술 분야에서 중요한 것이 개발과 설계의 창의력인데, 전문성이 있는 인력 확보를 하기 위해서는, 차별화된 인재 양성의 정책과, 공업 선진국들의 교육정책과 전략을 비추어 보면, 장기간에 걸쳐 많은 투자를 하고 있으니, 우리나라도 현재의 교육정책에서 질적인 선진화와 미래 지향적인 새로운 전략이 필요로 하는 시점이라 사료됩니다.

2023. 04.

공동저자

# 차 례

## 제1장 산업기술의 기초 부문

## 제2장 첨단기술의 요소별 개요와 전망

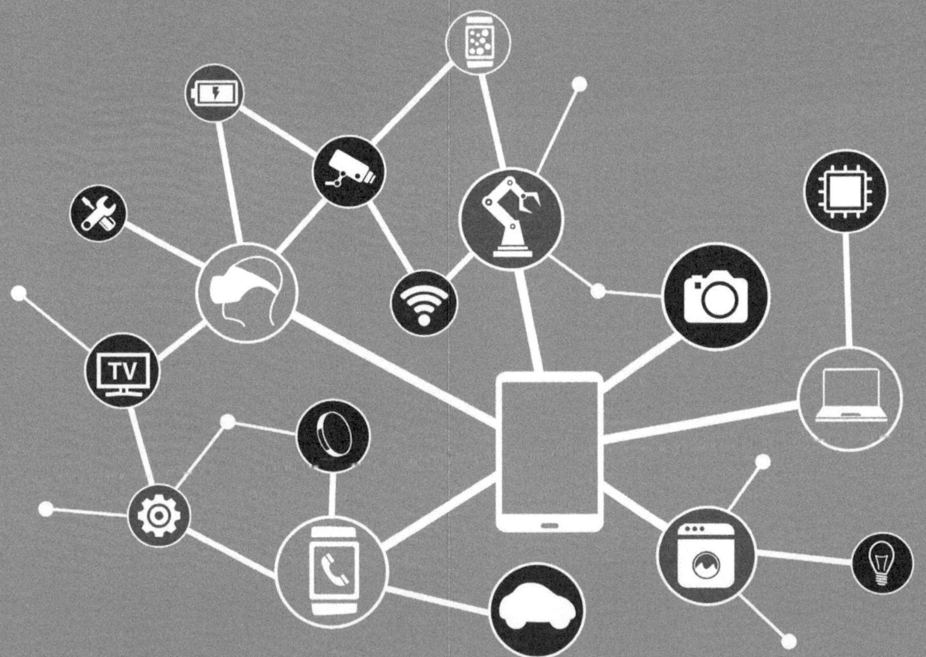


제 1 장

# 산업기술의 기초 부문

# 제01절 뿌리산업이란 무엇인가

## 01 뿌리산업의 의미

제조업 전반에 걸쳐 활용되는 기반 공정기술과 사출, 프레스, 정밀가공, 로봇, 센서 등 제조업의 미래 성장발전에 핵심적인 차세대 공정기술에서 기본이 되는 기술로, 나무의 뿌리처럼 겉으로 드러나지 않으나 최종제품에 내재되어 있는 제조업 경쟁력의 근간을 형성한다는 의미에서 명명하고 있다.

## 02 뿌리산업의 특성과 종류

① 주조, 금형 등 제조업 전반에 걸쳐 활용되는 기반 공정기술과 사출, 프레스, 정밀가공, 로봇, 센서 등 제조업의 미래 성장 발전에 핵심적인 차세대 공정기술 활용, 사업을 영위하는 업종으로(뿌리산업진흥과 첨단화에 관한 법률 2조),

② 기계, 자동차, 전자 등 산업의 제조과정에서 공정기술로 이용되며, 최종제품의 품질경쟁력 제고에 필수적인 요소이며,

③ 14대 뿌리기술을 주력으로 소재와 부품의 중간 혹은 부품과 완제품의 중간 공정의 제품을 생산하는 산업이다.

**그림 1-1** 14대 뿌리기술

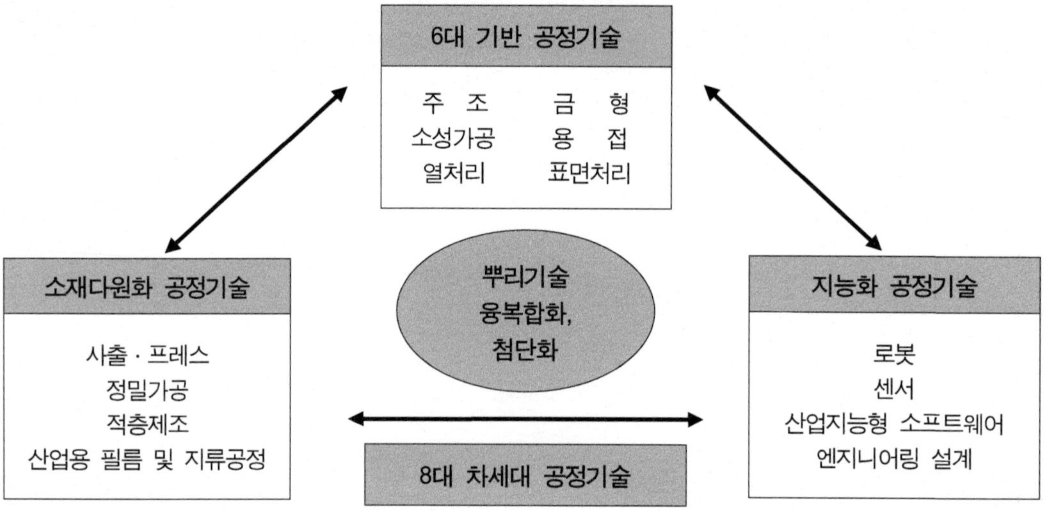

공정기술을 확장하여 총 14개 기술로 형성된다.

**그림 1-2** 뿌리기술 확장 현황

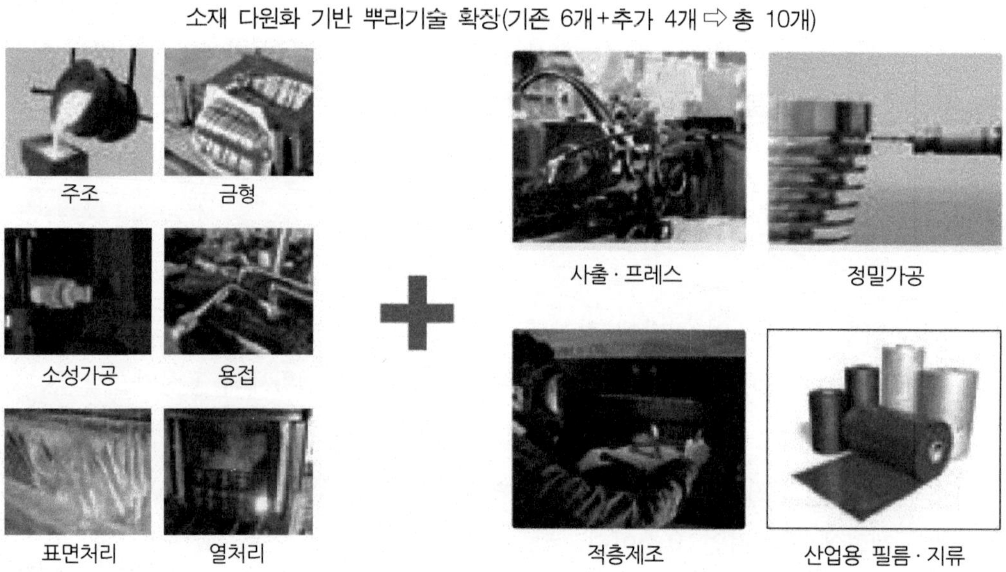

지능화 공정기술(기존 0개 ⇨ 4개)

로봇

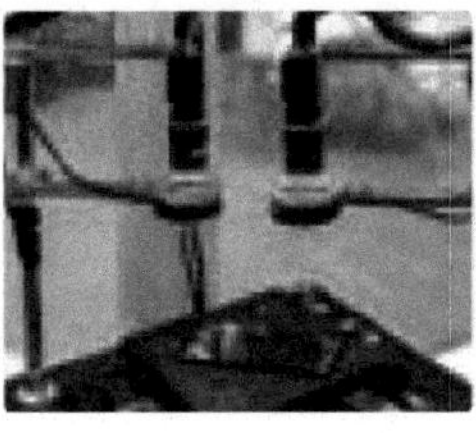
센서

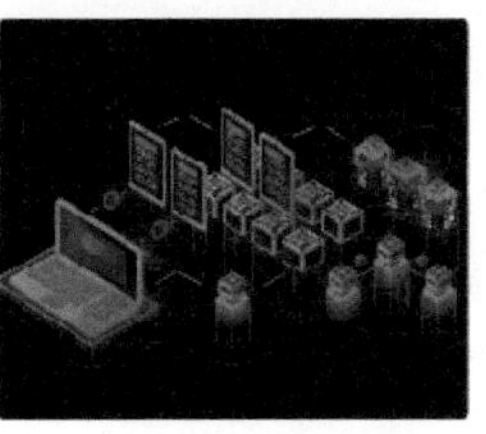
산업지능형 SW

엔지니어링 설계

## (1) 6대 기반 공정 기술

① **주조** : 고체 금속재료를 노(爐)에서 액체상태로 녹인 후 틀 속에 주입, 냉각하여 일정 형태의 금속제품을 만드는 기술

㉠ 사형주조
㉡ 다이캐스팅(Die casting)
㉢ 정밀주조
㉣ 연속주조
㉤ 저압주조
㉥ 소실모형 주조
㉦ 특수주조

② **금형** : 동일 형태, 사이즈의 제품을 대량으로 생산하기 위하여 금속재료로 된 틀을 제작하는 기술

㉠ 플라스틱 금형 기술
㉡ 프레스 금형 기술
㉢ 특수 금형 기술

③ **용접접합** : 금속과 비금속으로 제조된 소재, 부품을 열 또는 압력을 이용하여 결합시키는 기술

㉠ 용접 공정 기술
㉡ 용접기자재 기술
㉢ 용접재료 기술

④ **소성가공** : 재료에 외부적인 힘을 가하여 영구적인 변형을 일으킴으로써, 원재료를 일정 형태의 제품으로 가공하는 기술
   ㉠ 단조 기술
   ㉡ 판재 성형 기술
   ㉢ 압출 · 인발 기술
   ㉣ 압연 기술
   ㉤ 특수 성형 기술

⑤ **열처리** : 금속 소재 부품에 가열 및 냉각공정을 반복적으로 적용하여 금속 조직을 제어함으로써 물성치를 향상시키는 기술
   ㉠ 침탄 기술
   ㉡ 질화 기술
   ㉢ 전경화 기술
   ㉣ 국부 경화 기술
   ㉤ 복합경화 기술

⑥ **표면처리** : 소재 부품의 표면에 금속(또는 비금속)을 물리 · 화학적으로 부착시켜 미관이나 내구성을 개선시키고, 표면 기능성을 부여하는 기술
   ㉠ 도금 기술
   ㉡ 도장 기술
   ㉢ 건식코팅 기술
   ㉣ 습식코팅 기술

### (2) 소재다원화 공정기술

① **사출, 프레스** : 고분자 기반 소재를 응용한 후 금형 등을 이용하여 일정 한 형태로 가공하거나, 소재에 열 및 외력을 가하여 형상을 제조하는 기술
   ㉠ 고분자 가공기술
   ㉡ 고분자 성형기술
   ㉢ 복합재료 제조공정 기술

② **정밀가공** : 절삭(잘라내기), 연삭(표면가공) 등에 의하여 불필요한 부분을 제거하여 필요한 형상을 만드는 공정기술

㉠ 절삭가공

㉡ 연삭가공

㉢ 연마가공

㉣ 광에너지응용가공

㉤ 전기에너지응용가공

㉥ 화학에너지응용가공

③ **적층제조** : 플라스틱, 금속, 세라믹 등의 소재를 레이저 등의 열원을 활용하여 한층씩 적층하여 3차원 형상의 제품·부품을 제작하는 공정기술

㉠ 분말가공기술

㉡ 응용기술

㉢ 기타 적층관련 기술

㉣ 압연기술

㉤ 특수성형기술

④ **산업용 필름 및 지류공정** : 합성물질(필름) 또는 천연소재(지류)를 박막 또는 시트 형태로 제조하거나, 고기능성을 부여하기 위한 코팅 등의 다음 가공 공정기술

㉠ 고분자 박막제조 기술

㉡ 고분자 코팅제조 기술

㉢ 제지공정

## (3) 지능화 공정기술

① **로봇** : 프로그램이 된 가변동작을 통하여 대상물을 이동, 조작하는 등의 작업을 자동으로 수행, 보조할 수 있도록 설계된 기계장치 및 이를 활용하는 기술

㉠ 로봇생산자동화기술

㉡ 로봇관련 정보기술, 소프트웨어

㉢ 자동화기계 관련 정보기술, 소프트웨어

② **센서** : 공정 지능화를 위해, 제조공정 데이터의 수집, 획득하여. 가공용 센서 모듈을 제조 및 활용하는 기술

㉠ 계측기술

㉡ 센서기술

㉢ 시스템통합화기술

③ **산업지능형 소프트웨어** : 공정 데이터를 수집 · 가공하고, 지능화 알고리즘을 개발하여 기계학습을 통해 공정지능화에 활용하는 기술

㉠ 소프트웨어 솔루션

㉡ 생산관리 서비스

㉢ 계량분석 서비스

㉣ 시험관리 서비스

㉤ 검사관리 서비스

㉥ 분석관리 서비스

㉦ 품질관리 서비스

④ **엔지니어링 설계** : 제품 · 공정설계 및 해석을 위한 엔지니어링 SW를 개발하고, 이를 활용하여 설계 검증, 최적공정 등을 노출하여 제품 기능의 효과적 구현과, 제조 효율을 높이는 기술

㉠ 설계기술

㉡ 생산공정모델링 서비스

㉢ 시뮬레이션 서비스

㉣ 컴퓨터 이용 설계(CAD) 관련 소프트웨어

㉤ 컴퓨터 이용 제조(CAM) 관련 소프트웨어

㉥ 주조관련 소프트웨어

㉦ 용접관련 소프트웨어

㉧ 소성가공 관련 소프트웨어

㉨ 기타 뿌리기술 관련 소프트웨어

## 03 뿌리산업의 지속적 발전

뿌리기술은 자동차, 기계, 조선 등 전통 주력 산업뿐만 아니라 로봇, 바이오, 드론, 전기차, 수소차, 그린쉽, OLED, 반도체 등 신산업에도 필수적으로 활용되는 기술이다.

기존 뿌리기업의 숫자가 3만 개에서 뿌리기술 산업 범위 확대에 따른 뿌리기업 9만 개로 증가하지만 제조업에서의 비중은 적다. 하지만, 제조업을 영위하기 위해서는 필수산업으로 4차산업혁명 등 산업구조 변화에 대응하고, 미래형 구조로 전환하기 위해 기존 6개 기술에서 14개 기술로 확장하여,

1) 뿌리산업 디지털화
2) 업종별 맞춤형 고부가가치화
3) 뿌리산업 경쟁력 강화
4) 차세대 뿌리산업 기반 조성에 박차를 가하고 있다.

또한, 뿌리산업의 발전을 촉진하기 위해서는 디지털 뿌리명장 교육사업, 스마트팩토리사업, 제조로봇 선도 보급사업, 안전투자 혁신사업 등 정부지원 사업과 산업계 전반의 발전의 노력이 절실하다.

## 04 뿌리산업 분야에서 일할 인재의 필요

뿌리산업의 발전을 위해서는 인재가 절실하게 필요하다. 4차산업의 핵심인 지능형 뿌리공정, 뿌리업종 스마트공장 구축, 자동화, 첨단화, 제조기반 설계기술 고도화, 제조 로봇 선도보급, 안전투자 혁신 등을 추진하기 위해서는 다양한 인재가 필요하다.

물론, 대학교, 전문학교, 고등학교, 직업학교 등에서 뿌리산업 발전을 위해 인재를 양성하겠지만, 자라나는 신세대가 빠르게 발전하는 기술 중 어떤 기술을 선택하여 준비하는 것이 중요하다. 14개 뿌리기술 중 나의 적성에 맞고 사회가 필요로 하는 기술이 무엇인지 판단하여 준비해야만 한다.

# 제02절 국가직무능력표준(NCS)의 이해와 활용

## 01 NCS의 의미

National Competency Standards의 머리글자의 약자이며, 산업현장에서 직무를 수행하는데 필요한 능력(지식, 기술, 태도)을 국가가 표준화한 것이다. 교육훈련, 자격에 NCS를 활용하여 현장중심의 인재를 양성할 수 있도록 지원하고 있다.

## 02 NCS의 활용

① 기업은 NCS를 활용해서 조직 내 직무를 체계적으로 분석하고 이를 토대로 직무 중심의 인사제도(채용, 배치, 승진, 교육, 임금 등)를 운영할 수 있다.

**표 1-1** 기업에서 NCS를 활용하게 될 경우 장점

| 활용분야 | 내 용 | 기대 효과 |
|---|---|---|
| 채용 | NCS 직무기술서를 바탕으로 지원자의 역량을 평가할 수 있는 채용 프로세스 설계 및 도구(채용공고/서류/필기/면접) 개발 | 직무능력중심 인재채용(기업 · 지원자 미스매칭 해소)<br>입사 시 재교육비용 절감 |
| 재직자 훈련<br>(교육) | 직급별로 요구되는 직무중심의 교육 훈련<br>- 이수 체계 마련 | 체계적인 교육 · 훈련시스템 마련<br>직무 맞춤교육으로 생산성 향상<br>근로자의 학습참여 촉진 |
| 배치 · 승진 | NCS 사내 경력개발경로 개발<br>배치 · 승진 체크리스트 개발 | 인재에 대한 회사의 기대와 근로자의 역량간 불일치 해소 |
| 임금 | NCS를 기반으로 한 직무분석으로 연공급 중심의 임금체계를 〈직무급〉 구조로 전환 | 근로자의 직무역량과 능력에 따라 적정 임금 지급 |

② 취업준비생은 기업이 어떤 능력을 지닌 사람을 채용하고자 하는지 명확히 알고 이에 맞춰 직무능력을 키울 수 있어 스펙쌓기 부담이 줄어든다.

③ 교수자(교육훈련기관, 교사, 교수 등)는 NCS를 활용하여 교육과정을 설계함으로써 체계적으로 교육훈련과정을 운영할 수 있고, 이를 통해 산업현장에서 필요로 하는 실무형 인재를 양성할 수 있다.

④ 국가기술자격을 직무 중심(NCS 활용)으로 개선하여 실제로 그 일을 잘할 수 있는 사람이 자격증을 획득할 수 있도록 해준다.

## 03 모든 산업 분야를 NCS와 연관

NCS를 도입한 이후 많은 변화분야가 채용분야로, 블라인드 채용으로 바뀌고 있는 것으로, 과거 채용과정(서류 · 필기 · 면접)에서 편견이 개입되어 불합리한 차별을 야기할 수 있는 출신지, 가족관계, 학력, 외모 등의 항목을 걷어내고 지원자의 실력(직무능력)을 평가하여 인재를 채용하는 것이다.

채용 설계 시 직무내용 및 직무능력을 구체화 하고, 모집 공고 시 채용직무 설명자료 사전 제공하고, 서류 전형 시 차별적이고, 직무 무관 항목을 삭제하고, 필기 전형 시 직무 관원 등에서 누구나 무료로 교육을 받을 수 있고, 스펙을 쌓아갈 수 있고, NCS(국가직무능력표준) 사이트에 들어가면 24개 산업분야를 검색할 수 있도록 NCS 및 학습모듈 검색편성 기반의 필기 전형 실시를 하는 것이 블라인드 채용의 기업 실천 과제이다.

취업준비생은 준비하고자 하는 기관 및 분야에 대한 직무기술서를 검색하고, 필요 지식, 기술, 태도 등을 참고하여 직무능력을 강화할 수 있다.

**표 1-2** NCS 및 학습모듈

| CODE | 학습모듈 | CODE | 학습모듈 |
|---|---|---|---|
| 01 | 시업관리 | 13 | 음식서비스 |
| 02 | 경영 · 회계 · 사무 | 14 | 건설 |
| 03 | 금융 · 보험 | 15 | 기계 |
| 04 | 교육 · 지연 · 사회과학 | 16 | 재료 |
| 05 | 운전 · 운송 | 17 | 화학 · 바이오 |
| 06 | 영업판매 | 18 | 섬유 · 의복 |
| 07 | 경비 · 청소 | 19 | 전기 · 전자 |
| 08 | 이용. 숙박. 여행 · 오락 · 스포츠 | 20 | 정보통신 |
| 09 | 법률 · 경찰 · 소방 · 교도 · 국방 | 21 | 식품가공 |
| 10 | 보건 · 의료 | 22 | 인쇄 · 목재 · 가구 · 공예 |
| 11 | 사회복지 · 종교 | 23 | 환경 · 에너지 · 안전 |
| 12 | 문화 · 예술 · 디자인 · 방송 | 24 | 농림어업 |

직업훈련 및 이러닝 등 방법은 HRD-Net, 이러닝(e-Learning), 한국기술교육대학교 온라인 평생교육창이 있다.

기업이나 개인에게 필요한 분야가 분류되어 있고, 능력단위별로 직무정의, 수준, 채용공고, 자격정보, 직업정보, 훈련정보 등을 검색할 수 있다.

표 1-2는 NCS 및 학습모듈을 나타내고 있다.

**그림 1-3** NCS 및 학습모듈의 구분

# 제03절 제조 기술력이란 무엇인가

## 01 기술의 종류

아무리 최신의 기술을 구비한 고 기능품을 개발을 하여도 그것을 만들기 위해 필요로 하는 기초가 되는 기술이 없이는 제품화가 되지 않는다.

이것을 기초로 한 기술을 기반기술, 고유기술, 요소기술로 불리며, 이 기술들의 분류에서 기반기술은 공업제품을 만들어 우리들의 생활을 풍요롭게 하기 위해 중요한 불가결의 기술로 되어 있다. 그러므로 기반기술의 수준을 유지하고 향상을 꾀하며, 경제발전에 이바지하는 것에 따른 제조에 관한 공업기술진흥법이 제정되어 있다.

**기반기술**의 정의를 보면, 국민경제 및 국민생활의 기반의 강화에 상당한 정도의 기여를 하는 기술로 해당기술의 영향 정도(성능 · 생산성의 향상에 기여하는 임팩트의 크기), 파급성(이용 분야의 넓이) 등으로 풀이 된다.

또한, 중소기업의 제조에 대한 기반기술의 고급화와 발전을 위한 내용들이 다음 쪽에 나열되어 있다.

고유기술과 요소기술은 어떤 기업의 사업의 주가 되고 있는 기술을 지칭하며, 해당 기업이 성장해 가는데 효율적으로 이용하는 것이 중요하게 다루고 있다.

**고유기술**은 제조업의 존립 기반이 되는 기술로 해당 기업의 생명선이라 말하며, 제품의 Q(품질), C(원가), D(납기)와 생산 활동의 효율성 등을 관리하는 관리기술의 대응으로 쓰이고 있는 것도 있다.

한편, **요소기술**이란 어떤 제품과 시스템을 개발 · 생산 또는 운용하는데 필요한 개개의 기본적인 기술을 지칭하고 있으며, 즉, 이 요소기술을 어떻게 적절히 응용하며, 어떤 고유의 요소기술을 확립하는 것이며, 제품과 생산시스템의 개발 및 생산과 운용에 요구되고 있는 것이다.

이 관점에서 자사가 갖고 있는 기술과 부족한 기술을 정리하여 자사의 존립 기반으로 되어 있는 기술을 명확히 하여, 미래의 방향성을 찾는 것이 중요하다.

따라서, 연구를 하여 생산을 하는 데에는 각각의 기술의 종류에는 기반기술, 고유기술, 요소기술로 크게 분류가 되며, 이 3가지의 의미는 다음과 같이 요약하여 표현을 한다.

① 기반기술 – 국민경제 또는 국민생활의 기반을 강화하는데 상당히 기여하는 국가 차원의 과학기술이나 산업기술을 말하며,
② 고유기술 – 어떤 기업의 사업에 주가 되고 있는 기술
(예 자동차, 전자, 조선, IT, 화학 등)
③ 요소기술 – 어떤 제품 또는 시스템을 개발 · 생산 또는 운용하는데 필요로 하는 각각의 기본적인 기술(예 금형기술, 정밀제조, 설계기술 등)

로 구분이 된다.

**제조기반기술**에는 여러 분야별로 구분이 되는데, 기계공업분야에 대한 기술을 나열하면, 다음 몇 가지가 있다.

설계에 관한 기술, 소성가공에는 압축성형/압출성형/공기(물)의 분사에 의한 가공/사출성형/단조/프레스가공에 관한 기술, 압축성형, 신선 및 인발에 관한 기술, 연마, 절단, 절삭, 표면처리/열처리에 관한 기술, 용접에 관한 기술, 융합에 관한 기술, 도장 및 도금에 관한 기술, 제조과정의 관리에 관한 기술, 기계기구의 수리 및 조정에 관한 기술, 비파괴검사 및 물성의 측정에 관한 기술 등이 있다.

그 외에도 섬유, 제지, 정제, 발효, 진공, 기타로 가수분해, 전기분해, 중합(重合)기술, 분쇄기술, 포장기술 등이 있다.

제조를 하는 기업에서는 제품이 만들어지는 과정에서 품질을 만족하면서, 경제적이고, 얼마나 합리적으로 잘 만드느냐에 달려있다. 이것은 품질, 원가, 납기, 유연성을 만족시키면서 생산성을 최대로 올리는 것이다.

따라서, 양산을 전제로 하는 생산기술의 기본이 되는 4가지의 의미를 구분하면 다음과 같이 표현할 수 있고, 이 모두를 만족하고, 수준을 갖춘다면 선진기업이라고 할 수도 있다.

① 어떤 사람이 해도 생산을 할 수 있도록 해주는 기술(생산 기술력)
② 값이 싸게, 빠르게 생산될 수 있도록 해주는 기술(저원가, JIT화)
③ 도면 시방이 요구에 맞게 만들어지도록 해주는 기술(품질만족)
④ 다품종 생산에 유연성을 잘 갖춘 체계를 만들어 주는 기술(생산 준비력)

## 02 생산의 의미

생산은 공업 분야뿐만 아니라 여러 분야에서 어떤 물건 또는 상품을 만드는 행위로는 그 방법에 따라 용어를 구분하면 조금씩 다르다고 볼 수 있다.

전반적인 표현으로는 생산이라 하고 기술적인 표현으로는 제조라 하고, 현장에서 작업사의 기능, 숙련에 의한 것은 제작으로 분류가 된다. 어떤 방식이든 간에 일의 형태와 목적은 상품화 또는 어떤 부품을 설계의 요구사양에 만족될 수 있도록 최종의 물건을 만드는 것으로 여러 물자들을 투입(input)하여 그 과정에서 변화를 주어 얻고자 하는 최종의 산출(output)로 가치를 창출하는 것이다.

따라서, 생산이란

(1) 생산(生産, Production) : 총괄적이고 일반적인 표현 방식
(2) 제조(製造, Manufacturing) : 기술적이고 System적인 표현 방식
(3) 제작(製作, Making) : 기능과 숙련에 기초를 둔 표현 방식

## 03 생산기술(제조기술)의 대상

생산기술의 3대 요소에는 ① **정밀제조기술**, ② **자동화기술**, ③ **기술관리**로 구분되고, 각 기술 분야별로 중분류가 되는 요소기술의 내용들이 세분화 되어 있다.

각 분야별 주요 기술을 나열하면 다음과 같다.

### (1) 정밀제조기술

정밀제조기술은 ① **요소기술**, ② **소재기술**, ③ **양산기술**, ④ **구조설계기술**, **세부 관련기술**로 구분이 된다.

① **요소기술**에는 부품설계기술, 초정밀가공기술, 계측기술, 비파괴검사기술, 분석기술(마모, 피로, 조직, 응력), 절단/용접기술(설계시공), 유압/공압기술, 소성가공기술(금형), 도장/포장기술

② **소재기술**에는 신소재가공기술, 신소재응용기술, 합금/야금기술, 주조, 단조기술

③ **양산기술**에는 생산성향상기술, 측정/품질향상기술, 부품Handling기술, 전용설비 활용기술, Robot활용기술, System설계기술, Lay out설계기술, 조립기술, 생산관리 및 현장의 디지털기술(ERP, POP, SCM 등)

④ **구조설계기술**에는 자동화기기 설계기술, 전용기설계기술, Jig/Fixture/Gauge 설계기술, Tooling(절삭, 측정, 조립) 설계기술, 금형설계기술, 부대설비, Utility설비 설계기술

⑤ **뿌리기술(원천기술)** 정부에 추진하는 6가지 부문의 기술(주조, 금형, 소성가공, 용접, 표면처리, 열처리)은 4장 1절에 소개되어 있다.

## (2) 자동화기술

자동화기술의 구분에서는

① **생산실계기술**에는 표준/규격/단순화/공용화, 작업성 분석·개선, 성능향상/개선기술, 제품Handling기술, CAD/CAM응용기술, 공정능력관리 등이 있고,

② **Sequence제어기술**에는 회로설계기술, 공정개발 및 설계기술, 자동제어/센스응용기술, 조작성 연구, 장치의 동작연구, 시험/검출기술 등

③ **신뢰성기술**에는 수명시험기술, MTBF(Mean Time Between Failure, 평균 고장시간)향상연구, 시험/평가기술, 설비 Utility관리기술, 안전기술 등

④ **가공기술**에는 CNC Programming응용기술, 정밀측정기술, Tool Application기술, 최적절삭조건기술, 소성가공기술, 설비활용기술 등이 있다.

## (3) 관리기술

관리기술의 구분에서는

① 기술관리/응용으로 IE : Industrial Engineering(산업공학), SE : System Engineering(시스템공학), VA : Value Analysis(가치분석), EE : Economic Engineering(경제성공학), HE : Human Factor Engineering(인간공학), 기타, VE(가치 공학)를 비롯한 관리시스템들이 있고,

② 분석기술, 평가기술, Data Base활용 & Programming, 사무자동화, 기술기획(중장기계획) 등이 있다. 또한, 넓은 영역에서 다음에 요구되는 기술들이다.

**그림 1-4** 기업에 요구되는 기술들

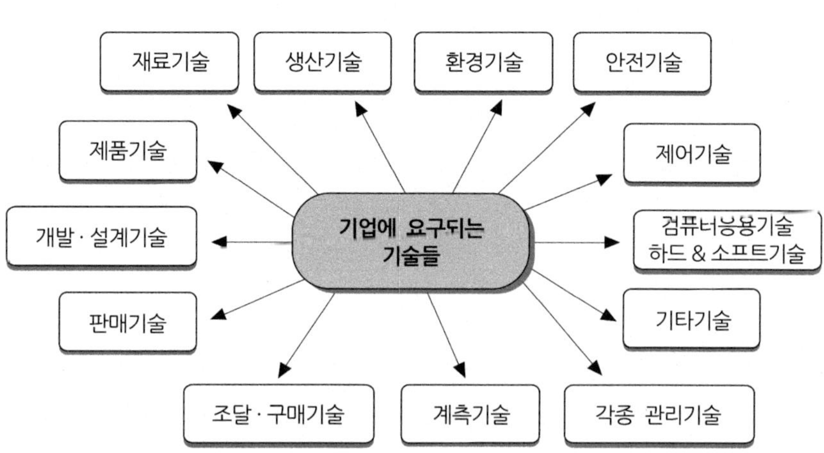


**표 1-3** 생산의 4M과 1M을 구성하는 것들의 예

| 생산의 4M & 1I | 1차 구성 | 2차 구성 |
|---|---|---|
| 1. Man(작업자) | 해당 작업을 수행하는데 필요한 스킬(숙련) 등을 가진 작업자 | 작업지도원, 관리감독자 설계자 등 |
| 2. Material(재료) | 직접재료, 각종 기름류, 걸레, 등의 간접재료의 부자재, 부산물 등 | 보관기자재, 창고, 공급자의 정보 등 |
| 3. Machine(기계) | 직접가공(제조)하는 생산설비로 공구(Total Tooling) 및 측정기 등 기기류 | 보소설비 및 장치류, Utility설비 등 |
| 4. Method(방법) | 작업표준, 작업기준/요령 등을 결정하는 것이 되는 기준과 표준류 | 생산기술, 노하우, 기술표준, 관리철학 등 |
| 5. Information(정보) | 생산에 관한 기본정보로 제품의 시방 수량, 납기 등의 기본적인 사항들 | 품질수준, 제품의 용도에 따른 요구조건 등 |

## 04 제조 기술력 향상을 위한 인재의 조건

### (1) 담당자에 필요한 숙련(Skill)

생산기술의 각 담당자가 갖고 있는 스킬을 객관적으로 보아서, 이미 습득 기술의 유효한

활용과 미습득 기술의 계획적인 습득 등, 조직적으로 기술력을 활용하고, 육성하는 것이 중요하다.

생산기술의 담당자가 생산시스템을 새롭게 계획하고 준비하며, 원활한 생산이 될 수 있도록 현상을 유지하거나, 개선을 한 업무를 착실히 추진하는 데에는 여러 가지 스킬이 요구되고 있다. 예를 들어, 해당 제품의 QCD에 관한 기술은 물론이고, 제조와 조립, 시험에 관한 기술, 공정계획과 공정설계에 관한 기술, 생산설비와 치공구에 관한 지식과 그것들을 설계 가능한 기술, 생산 설비류를 제어하기 위해 필요한 기술, 설비보전에 관한 기술 등을 다음에 열거한다.

### (2) 숙련(Skill)의 가시화와 계획적인 육성

생산기술 부문에 속하는 기술자에 효율 좋게 일을 하는 데에는 생산기술의 담당자에 요구되어지는 여러 가지 스킬과, 그 습득 상황을, 객관적으로 알 수 있도록 업무를 나누어야 한다. 이를 위해 각자가 갖고 있는 스킬을 가시회 하고, 소위, 눈으로 보는 관리를 추진하는 방법도 있다.

**그림 1-5** 생산기술 담당자에 요구되는 기술

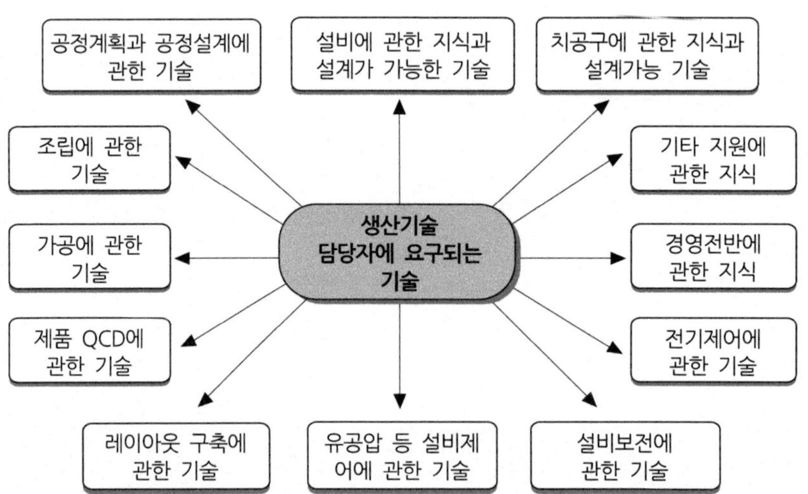

**그림 1-6** 신뢰받는 생산기술자의 능력

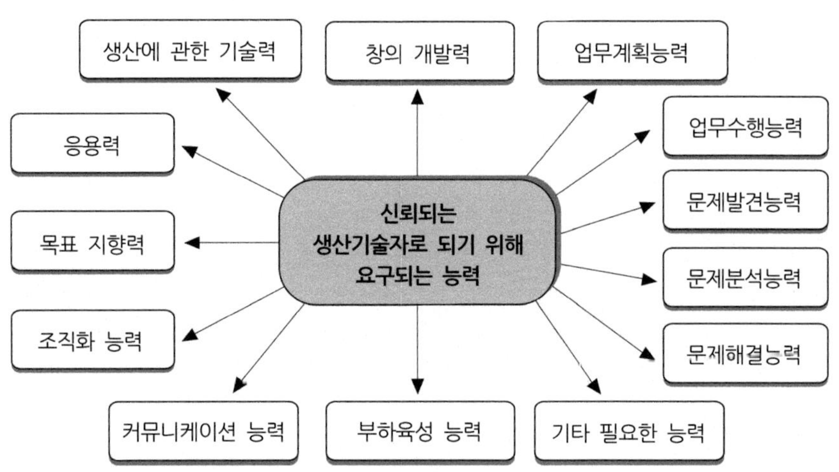


## 05 성장동력산업의 발굴과 육성의 필요성

① 산업구조의 문제점, 경쟁력 하락 등을 극복하며, 대내외 경제 환경의 급변에 대응해 나가며,

② 성장 잠재력의 확충의 절실한 차세대 성장동력산업의 발굴에 필요한 우리의 경제발전은 시대별 선도 산업군에 의해 촉진되어야 한다.
예로, 미국의 1990년대 New Economy전략으로, 국방우주기술의 주력 기간산업에 대한 접목으로, 지식기반 서비스업의 창출 및 지식기반 제조업과의 선순환에 의해 달성되었고, 일본은 잃어버린 20년의 제조업의 경쟁력 약화 및 해외이전 이후 신성장 동력을 찾지 못한 데에 기인하였다.

③ 따라서, 차세대 성장동력산업은 향후 생산과 수출 등을 통해 Cash Cow역할 담당과 일자리 창출을 선도할 수 있는 분야로 나아가야 하며,

④ 모든 산업이 정도의 차이는 있지만, 상호 연관성이 있고 발전 잠재력을 내포하기 때문에 차세대 성장동력은 산업화가 가능하다는 것이다.

⑤ 그러나, 한정된 자원, 세계경제의 통합화 등을 고려, 모든 산업을 발전시키는 것은 불가능하고, 비효율적이다.

⑥ 현재 산업구조를 기초로 하여, 동태적 비교 우위 확보 가능성을 기준으로 보아, 세계

산업구조의 변화 속에서 지속적으로 부가가치를 창출할 수 있는 산업군이며, 연구 개발에서 산업화에 이르는 기간이 단축되고 있어 대응할 수 있는 산업의 의미이다.

**그림 1-7** R&D활동의 기관별 지원 관계

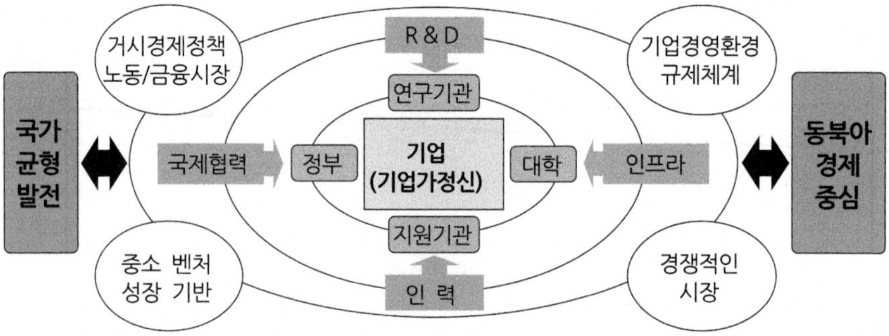

**표 1-4** 각 산업분야별 성장동력화의 촉진요인과 장해요인

| 구 분 | 촉진 요인 | 애로 요인 |
|---|---|---|
| 주력<br>기간산업군 | ① 생산성 높은 공정기술 확보<br>② 전후방 연관산업의 발달<br>③ 해외시장 진출경험 풍부<br>④ 업체간 경쟁구조 정착<br>⑤ 세계적 수준의 IT 인프라 보유<br>⑥ 신기술과의 융합 | ① 원천기술 미확보<br>② 부품업체의 기술경쟁력 미흡 및 취약<br>③ Brand Power 부족<br>④ 내수시장의 한계<br>⑤ 업체간 과도한 경쟁, 협력 체제 미흡<br>⑥ 제품차별화, 시장다변화 미흡<br>⑦ 높은 인건비<br>⑧ 환경규제, 통상마찰 |
| 미래<br>유망산업군 | ① 세계적 수준의 IT 인프라<br>② 풍부한 벤처기반<br>③ 국내외 신규 수요 창출<br>④ 전후방 연관 산업들의 기술 및 생산기반 축적<br>⑤ 연구개발의 지속적인 확대 및 기술융합화 추세와 성장촉진 간 Feedback의 선순환구조 형성전망 | ① 국내시장 협소<br>② 선진국의 기술보호장벽과 후발국의 저급기술 제품사이에서 압박<br>③ 국제표준화및 지적재산권대응미흡<br>④ 고급인력 수급 불균형<br>⑤ 국내 기업간 협력 및 산업화 미흡<br>⑥ 국제적 제휴의 미흡<br>⑦ 핵심부품 높은 수입의존도 |
| 지식기반<br>서비스업 | ① 인식 및 중요성 확대 추세<br>② 시장개방에 따른 자극<br>③ 높은 교육수준과 풍부한 잠재 인적 자원<br>④ 잠재적 수요 증가<br>⑤ 높은 성장률 | ① 기술개발 및 상업화 능력취약<br>② 기업간 협업에 대한 인식부족<br>③ 세계화 미흡<br>④ 시장개방에 따른 잠식<br>⑤ 저생산성 업태 존속<br>⑥ 지식 및 노하우 축적 부족 |

**그림 1-8** 생산 현장에서 적용하는 '공정 안정화를 위한 관리와 절차'의 예

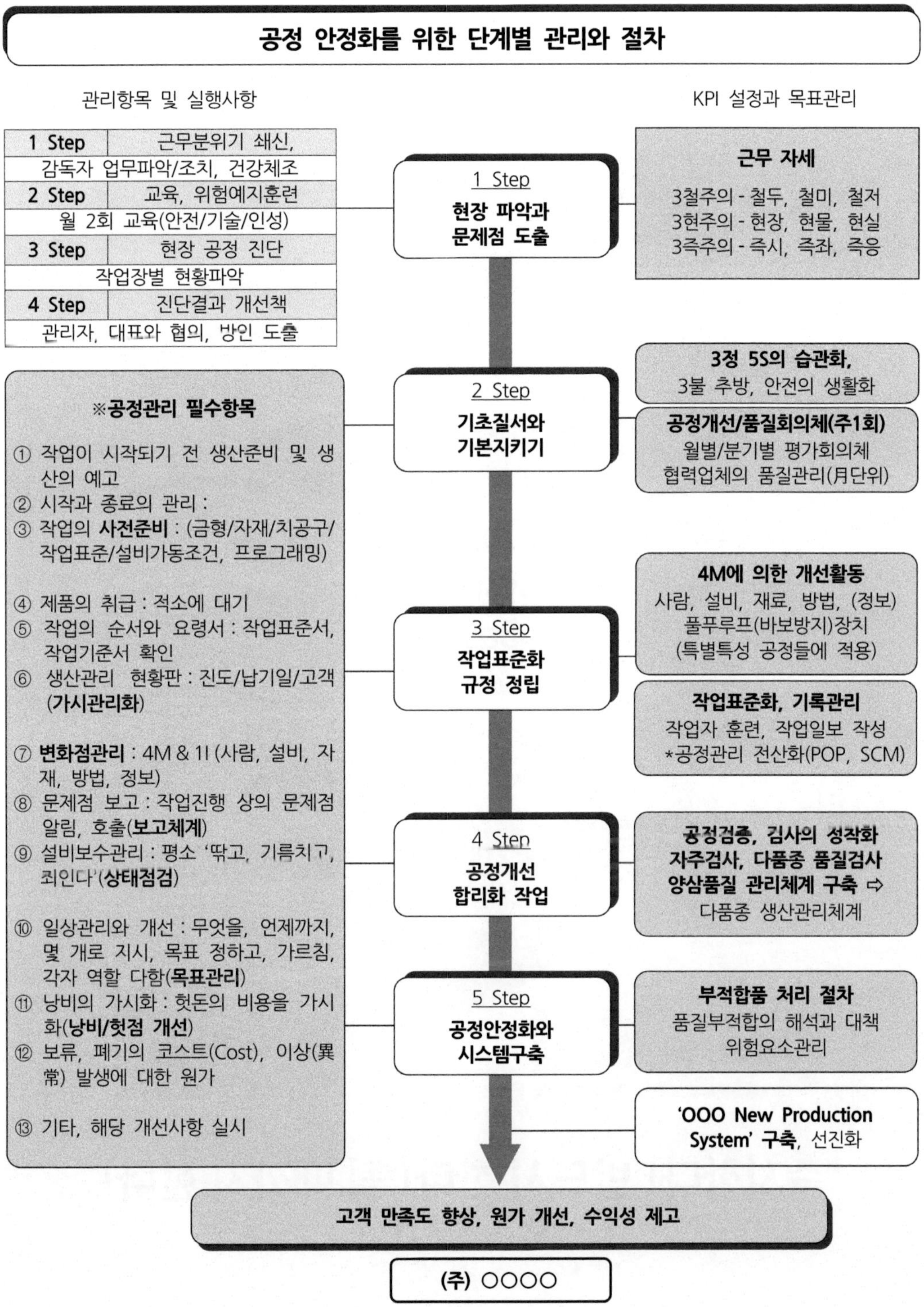

## 공정 안정화를 위한 단계별 관리와 절차

관리항목 및 실행사항

| 1 Step | 근무분위기 쇄신, |
|---|---|
| 감독자 업무파악/조치, 건강체조 | |
| 2 Step | 교육, 위험예지훈련 |
| 월 2회 교육(안전/기술/인성) | |
| 3 Step | 현장 공정 진단 |
| 작업장별 현황파악 | |
| 4 Step | 진단결과 개선책 |
| 관리자, 대표와 협의, 방안 도출 | |

**※공정관리 필수항목**

① 작업이 시작되기 전 생산준비 및 생산의 예고
② 시작과 종료의 관리 :
③ 작업의 **사전준비** : (금형/자재/치공구/작업표준/설비가동조건, 프로그래밍)
④ 제품의 취급 : 적소에 대기
⑤ 작업의 순서와 요령서 : 작업표준서, 작업기준서 확인
⑥ 생산관리 현황판 : 진도/납기일/고객 (**가시관리화**)
⑦ **변화점관리** : 4M & 1I (사람, 설비, 자재, 방법, 정보)
⑧ 문제점 보고 : 작업진행 상의 문제점 알림, 호출(**보고체계**)
⑨ 설비보수관리 : 평소 '딱고, 기름치고, 죄인다'(**상태점검**)
⑩ 일상관리와 개선 : 무엇을, 언제까지, 몇 개로 지시, 목표 정하고, 가르침, 각자 역할 다함(**목표관리**)
⑪ 낭비의 가시화 : 헛돈의 비용을 가시화(**낭비/헛점 개선**)
⑫ 보류, 폐기의 코스트(Cost), 이상(異常) 발생에 대한 원가
⑬ 기타, 해당 개선사항 실시

1 Step
**현장 파악과 문제점 도출**

2 Step
**기초질서와 기본지키기**

3 Step
**작업표준화 규정 정립**

4 Step
**공정개선 합리화 작업**

5 Step
**공정안정화와 시스템구축**

KPI 설정과 목표관리

**근무 자세**
3철주의 - 철두, 철미, 철저
3현주의 - 현장, 현물, 현실
3즉주의 - 즉시, 즉좌, 즉응

**3정 5S의 습관화,**
3불 추방, 안전의 생활화

**공정개선/품질회의체(주1회)**
월별/분기별 평가회의체
협력업체의 품질관리(月단위)

**4M에 의한 개선활동**
사람, 설비, 재료, 방법, (정보)
풀푸루프(바보방지)장치
(특별특성 공정들에 적용)

**작업표준화, 기록관리**
작업자 훈련, 작업일보 작성
*공정관리 전산화(POP, SCM)

**공정검증, 검사의 성작화**
**자주검사, 다품종 품질검사**
**양삼품질 관리체계 구축 ⇨**
다품종 생산관리체계

**부적합품 처리 절차**
품질부적합의 해석과 대책
위험요소관리

**'OOO New Production System' 구축**, 선진화

**고객 만족도 향상, 원가 개선, 수익성 제고**

**(주) OOOO**

그림 1-9 생산 현장에서 사용하는 '양산 라인에서 관리체계의 기본'의 예시 (대표적으로, 자동차부품, 전자제품 등의 제조라인에 쓰임)

# 제04절 설계 기술력(산업 분야 전반)의 중요성

## 01 설계 기술력의 적용 분야

설계 분야는 너무 다양하고, 고부가가치의 일로, 아무나 쉽게 할 수 없는 분야이다. 소위, 디자인이라고 표현하는 요소 부문별로, 기계, 전기 · 전자, 토목, 건축, 제품디자인기술, 시각디자인기술, 디지털디자인기술, 패션 · 텍스타일 디자인기술, 산업공예디자인기술, 서비스디자인기술, 공간/환경디자인기술, 포장디자인기술, UI/UX디자인기술, 디자인기반(디자인인프라)기술, 기타 디자인기술 등이 있다.

설계에 필요한 지식은 재료역학, 기계역학, 열역학, 유체역학으로 하는 4가지의 역학과, 가공과 제도의 지식이 필요하게 되고, 기계설계는 총합기술이며, 광범위한 지식으로, 설계에는 생산설계, 공정관리, 품질공학, 인간공학, 시장조사, 기획, 지적재산, 공업의장, 감성공학, 각종 법규 등이 연관되어 있는 기술이다.

또한, 설계자 개인의 독창성, 신규성, 독자성도 요구되고 있으며, 여기에 많은 전문가와 작업자와의 제휴가 불가피하며, 스스로가 설계기술의 단련은 물론이고, 많은 사람들의 의견과 요망 사항을 듣고, 협조를 하면서 나갈 필요가 있는 것이 설계 분야이다. 그림 1-10은 설계기술에 필요한 관련 지식들이다.

## 02 설계 기술력의 고부가가치성

모든 제품이나 기계 등 제작 이전에 반드시 설계공정이 들어가는데, 하지만, 우리나라의 현실은 대부분의 중소기업이 연구개발 부서인 설계 부문 기능이 약하다.

설계기능이 있어야만 기업의 고유 상품을 개발하여 미래를 개척할 수 있다.

건축, 기계, 전기 등 모든 분야에서 설계능력을 가져야만 기술축적이 되고 발전을 할 수 있다. 모기업의 하청업에서 벗어날 수 있는 길이 설계기술을 발전시키고, 축적을 하는 길이다.

그림 1-10 공학 설계에 관련된 필요한 지식들

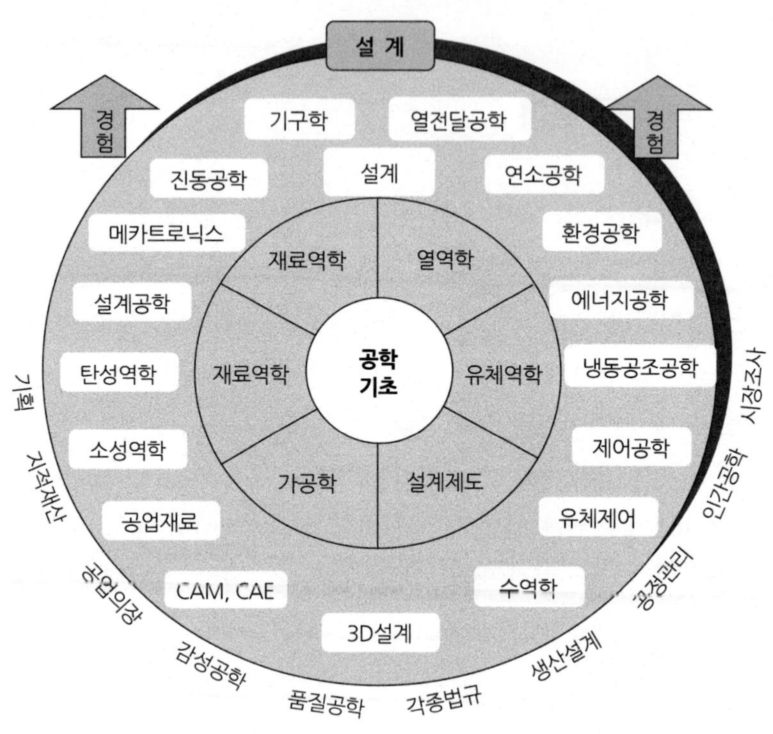


지금 당장의 생산도 필요하지만 미래의 회사 발전을 위하여 노력하지 않으면 안 된다. 설계 기술력은 하루아침에 만들어지는 것이 아니므로 중단기 미래를 보고 육성하지 않으면 안 된다. 요즘은 빠르게 설계를 할 수 있고, 수정도 가능한 3D 모델링기술을 도입하여 고부가가치를 창출해야만 한다.

## 03 설계 기술에 고급 인력이 많이 필요

미래의 기업발전을 책임지는 설계의 인력은 고급 인력이다. 설계 인력은 생산, 자재, 개발 등 모든 분야를 알아야 좋은 설계를 할 수 있다. 거기에다가 빠르고 정확하게 설계를 하려면 3D 모델링기술 능력을 갖추어야 고급 설계 기술자가 될 수 있다. 설계 기술자는 단기간에 육성되는 것은 아니고, 중단기적으로 생산기술, 개발기술, 설계기술 등 다양한 기술을 학습해야만 한다. 우리나라의 중소기업이 성장하려면 고급 설계 기술자가 기업에서 역할을 해야만 한다. 또한, 교육기관에서는 우수한 설계 기술자가 육성될 수 있도록 노력해야만 한다.

## 04 설계 기술력이 기업을 선진화 한다

품질비용 발생비율을 보면 설계 실수로 인한 비용 발생이 90% 이상 된다. 그래서, 모든 제품의 기본인 설계가 매우 중요함을 알 수 있다. 따라서, 설계와 관련된 실수, 실패예방 비용을 줄이는 것이 원가절감, 품질향상, 선진화 하는 길이다.

다음 표 1-5는 설계와 관련된 실수 · 실패 예방을 위한 체크사항의 구분을 나타낸 것이다.

설계에는 기술적인 면과 조직적인 면으로 나눌 수 있어, 이들 구분에서, 요구사항이 미달, 간섭, 복잡함에 따라 잘못을 예방하기 위한 사전의 체크사항을 다음과 같이 나열할 수 있다.

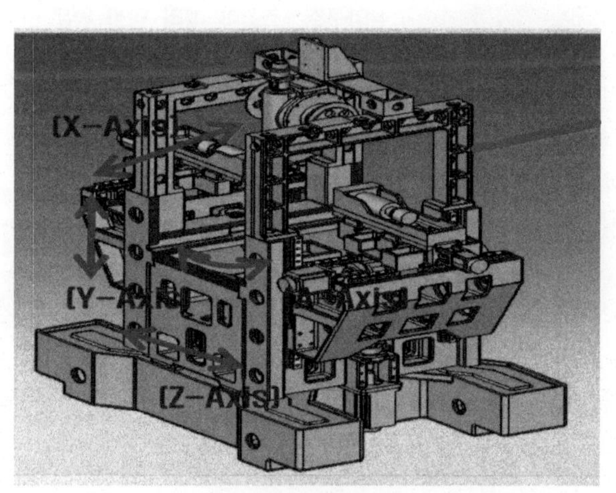

**표 1-5** 설계와 관련된 실수·실패 예방을 위한 체크사항의 구분

| 종류 \ 구분 | 기술적 | 조직적 |
|---|---|---|
| Type Ⅰ<br>요구 기능<br>(FR :<br>Functional<br>Requirement)<br><br>미달됨 | 장기간(經年)으로 열화<br>① 취성파괴 : 경도가 높거나 약해 깨짐<br>② 피로파괴 : 누적된 응력에 파괴<br>③ 부식 : 녹이 쓸어 문제가 생김(재질)<br>④ 응력부식 크랙 : 힘과 녹으로 갈라짐<br>⑤ 고분자 재료열화 : 특수재질의 열화<br>⑥ 단절열화 : 상태가 단절되어 약해짐<br>⑦ 풀림(이완) 발생 : 나사 등이 풀림<br><br>기본적인 설계미숙<br>① 밸런스불량 : 동적, 정적 무게 균형<br>② 기초불량 : 기계설치 시방공사 미흡<br>③ 좌굴 : 축방향 하중, 응력/단면적 값<br>④ 공진 : 진동계의 진폭이 급속히 생김<br>⑤ 유체진동 : 유체흐름에 의한 진동<br>⑥ 케비테이션 : 유체, 기체의 와류현상<br>⑦ 충격 : 외부의 갑작스런 큰 힘을 받음<br>⑧ 강풍 : 태풍, 외부 기체의 압력<br>⑨ 온도, 압력, 습도 등을 고려하지 않음 | 깜박하는 실수<br>① 유지인화 : 기름류에 의한 화재<br>② 화재 피난 : 부주의에 의한 화재<br>③ 입력미스 : 사람의 실수<br>④ 배선작업미스 : 전기선의 연결 등 실수<br>⑤ 배관작업미스 : 물, 기름관 연결 실수<br>⑥ 안전장치 해제 : 보호구, 장치 미사용<br>⑦ 소홀한 작업 : 신경이 덜 쓰인 곳<br>⑧ 매뉴얼 무시 : 사용설명서를 무시함<br>⑨ 무사고(無思考) 상태 : 생각없는 행동<br>⑩ 기타, 상황 판단 실수<br><br>예상 외의 미스<br>① 천재피난 : 천재지변 대응력 부족<br>② 공감부족 : 목적, 목표의식 부족<br>③ 비즈니스 환경변화 : 변화 인식부족<br>④ 예측 잘못<br>⑤ 기타, 조건, 기량 부족 |
| Type Ⅱ<br>요구 기능<br>(FR :<br>Functional<br>Requirement)<br><br>간섭됨 | 설계미스(부수적인 요구기능의 간섭)<br>① 이상마찰 : 예상 외의 접속, 마찰력<br>② 특수사용 : 용도상 예외의 기능<br>③ 낙하물·부착물 : 예상 밖의 간섭<br>④ 역류 : 반대흐름으로 문제발생 가능<br>⑤ 먼지·동물 : 예상 외의 이물질 등<br>⑥ 오차축적 : 각 부분의 공차는 누적됨<br>⑦ 취약구조 : 조건에 따라 약한 부문<br>⑧ 피드백계 폭주 : 잘못됨의 복귀제어<br>⑨ 실패 세이프 불량 : 원위치 복귀불량<br>⑩ 대기계(系) 불량 : 예비게이지류 불량<br>⑪ 자동제어미스 : 제어시스템 불안정<br>⑫ 유용(流用)설계 : 다른 데로 돌려 씀<br>⑬ 과부하 지나침 : 센스불량으로 미검출<br>⑭ 냉각부족·과열 : 센스불량으로 미검출<br>⑮ 오조작 발생 : 잘못 조작(작업자)<br>⑯ 숨겨진 기능 간섭 : 보이지 않는 것<br>⑰ 개선이 역효과 : 잘못된 개선, 손해<br>⑱ Fool Proof(바보방지)기능 누락 | 의사소통이 불완전<br>① 속임 운전 : 조건을 비정상으로 운전<br>② 의사소통 부족 : 소통이 잘 안됨<br>③ 조직 간의 차질 : 이견과 견해차이<br>④ 지시 상의 이해 부족, 착각<br>⑤ OJT(On the job training) 부진<br>⑥ 기타, 누락된 조건 |

| 구분<br>종류 | 기술적 | 조직적 |
|---|---|---|
| Type Ⅲ<br>요구 기능<br>(FR : Functional Requirement)<br><br>복잡함 | 시스템의 폭주<br>① 화학반응 폭주 : 다른 요소와 반응<br>② 세균번식 : 조건악화로 세균 발생<br>③ 시스템 다운 : 정전 또는 전산사고 발생<br>④ 기타 여건이 맞지 않은 상태 | 구조 및 상황의 피로<br>① 산업연관 : 다른 분야 악화로 영향<br>② 위법행위 : 비원칙적인 범법행위<br>③ 기획변경의 부작위 : 조건변경에 부동<br>④ 윤리문제 : 비윤리적인 모든 행동<br>⑤ 테러 : 적대국의 공격적 행동<br>⑥ 예상 외의 고객반응 : 생각 못한 결과<br>⑦ 요건 정의 부족 : 필요조건에서 누락<br>⑧ 신기술로의 도전이 역효과 : 손해<br>⑨ 사회구조의 피로 : 정치적, 규제 원인<br>⑩ 사고훈련 부족 : 평소 미실시, 등한시 |

**그림 1-11** 1:10:100의 법칙

## 05 글로벌 및 한국의 설계 수준

### (1) 기술 수준

① 엔지니어링 설계 중 PLM(Project Life cycle Management) 분야의 최고 기술국은 미국으로 나타났으며, 한국의 경우 최고 기술국 대비 50.2%의 기술수준인 것으로 조사되었다.

2018년 스마트제조기술 수준 조사의 기술 경쟁력 조사 항목 중 PLM 관련 항목이 최저기술 수준으로 평가되었다.

② 엔지니어링 설계 중 장비 연동 분야의 최고 기술국은 독일로 나타났으며, 한국의 경우 최고 기술국 대비 50.3%의 기술수준인 것으로 조사 되었다.

## (2) 특허 동향

엔지니어링 설계 관련 특허는 2012년 중국을 중심으로 증가한 것으로 나타났다.

① 한국, 미국, 일본, 중국 4개 국가는 2020년까지 285개의 유효 특허(권리 있음, 중복 제거)를 출원한 것으로 나타났다.
② 특허 출원국별로는 중국이 44.7%로 가장 높고, 다음으로 한국 19%, 일본 18.7%, 미국 17.7%로 중국 출원 특허가 가장 많은 것으로 나타났다.

**그림 1-12** 주요 국가별 엔지니어링 설계관련 특허 출원 현황

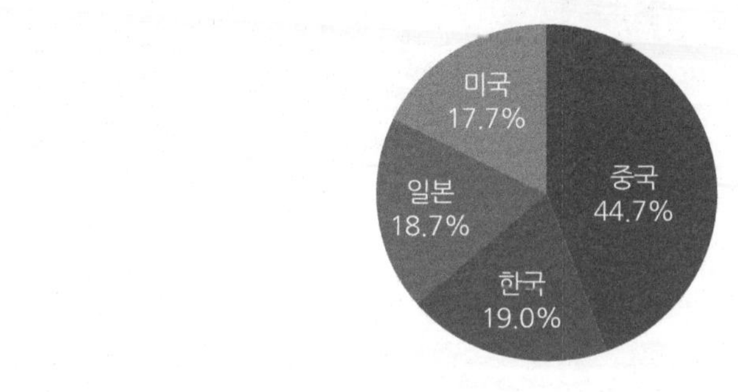


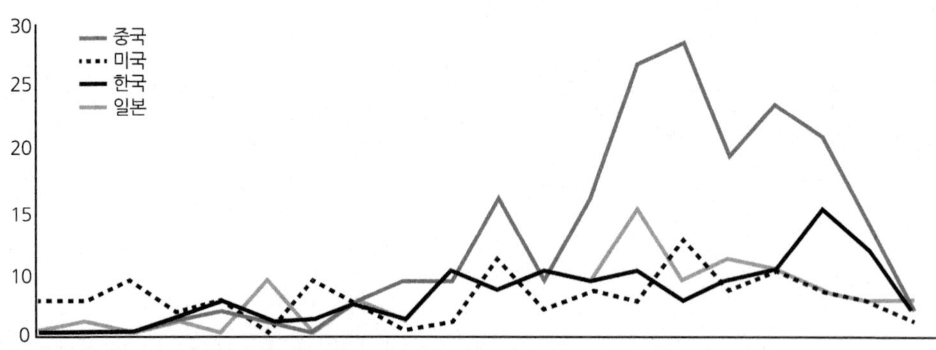


출처 : 엔지니어링 설계 분야 특허 분석 결과(TMNumbers)

## (3) 주요 국가별 기술 동향

### 1) 미국

정부 주도로 민간 활동을 강화하고, 리쇼어링으로 제조업과 제조시스템 분야 연구를 선도하고 있다.

① 핵심 기술인 데이터 활용 플랫폼을 마련하고, 국제 규격화에 노력 중이다.
② 미국은 세계 최고 수준의 SW(Soft Ware) 기술력을 가지고 있으나, 제조 분야의 운영기술(OT : Operation Technology)은 유럽에 비해 부족한 실정이다.
③ OT기술은 유럽보다 부족하지만, 정보기술(IT : Information Technology) 관련 인력을 다수 보유하고 있으므로, 앞으로 SW와 Cloud Service 인공지능(AI : Artificial Intelligence) 등의 강점 및 인프라를 통해 영향력을 발휘할 것으로 예상된다.

### 2) 중국

산업용 SW는 스마트제조에서 가장 중요한 일환이나 중국은 발전초기 단계에 있으면서 발전 기반이 취약하다.

① 산업용 SW는 기초성이 강하고 연구 개발 난이도가 높으며, 규모 효율이 비교적 떨어지기 때문에 현재 주로 미국지역 기업에 집중되어 있다.
② 중국의 산업용 SW 발전 속도는 비교적 양호한 편이며, 2019년 중국의 세계시장 점유율은 6% 정도로, 전 세계 비중(20%)에 비해 여전히 낮은 수준이므로 향후 시장이 더 커질 잠재력을 가지고 있다.

### 3) 일본

독일과 함께 일본은 전통적 제조 강국이나, 4차 산업혁명 등의 혁신 측면에서는 부족한 실정이다.

① Cloud Service, AI 등은 EU, 미국의 기술력이 미치지 못하며, 한국보다 기술력이 높다고 볼 수 없다.
② 하드웨어와 산업용 네트워크분야에 강점이 있어 제조 데이터를 수집할 수 있는 기술력은 가지고 있다.

### 4) 한국

스마트공장 분야 원천공급 기술은 매우 미흡한 수준이며, 특히, 세부 기술 분야 중 엔지니어링 설계 분야는 가장 최하위 수준이다.

① 반도체, 전자제품, 조선 산업을 중심으로 세계 최고 수준의 기술 경쟁력을 확보하고 있으나, 엔지니어링 설계와 관련된 기반 기술은 취약하다.

② 개발업체 파산 및 개발자 이직과 같은 인력 수급 부족 문제로 기술력이 부족하다.

③ 3D CAD를 비롯한 선행기술이 수입에 의존하여 기술 종속이 심하다.

④ 한국은 원천기술 개발이 늦어 수입 의존이 심하지만, CAE 분야에서는 일부 선도 기술을 따라가고 있는 것으로 조사된다.

# 제05절 ISO 국제인증시스템의 개요와 종류

## 01 ISO의 의미

ISO의 원어는, International Organization for Standard로, **국제표준화기구**를 의미하며, 이 시스템은 제2차 대전 후 미군의 조달부서가 군수품의 불량을 줄이기 위해 제품의 생산 시스템에 대한 관리 사항을 미군 규격으로 적용한 것이 시초가 되었고,

표준을 충족하고자 하는 조직(회사)이 이행해야 하는 요구 사항을 다루는 기준을 말하며, 대부분의 ISO인증은 ISO 9001 품질경영시스템을 기본 바탕으로 하여, 각 분야별 전문적인 내용(Rule 등)을 넣어 만든 관리시스템이다.

**그림 1-13** 품질경영시스템관리 개념도

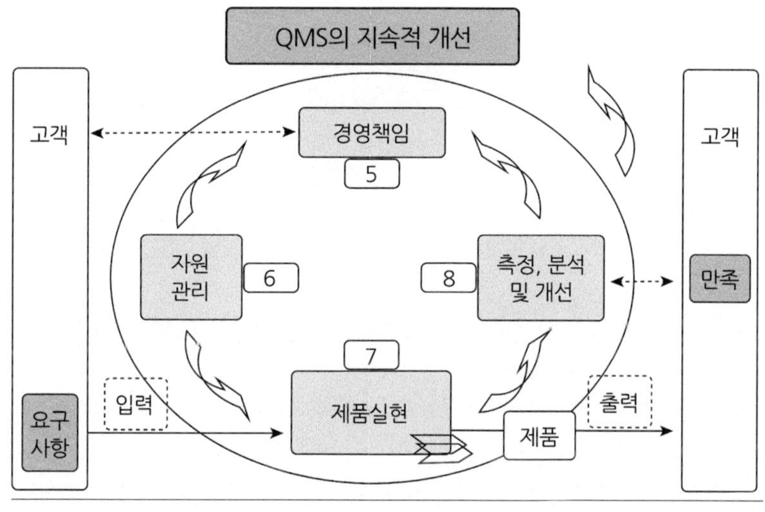


## 02 ISO 국제인증의 종류

### (1) ISO 9001(품질경영시스템)

국제표준화 기구인 ISO협회에서 제정한 품질경영 및 품질보증에 관한 국제 규격으로, 그

림 1-14는 품질경영시스템관리 개념의 요건으로 기본이 되는 인증 부문이다. 주로, 제조부문에 많이 적용하며, 서비스 등 품질에 연관되는 모든 분야가 이 시스템의 기본이 된다.

**그림 1-14** 국제인증과 연관되는 유명규격의 종류

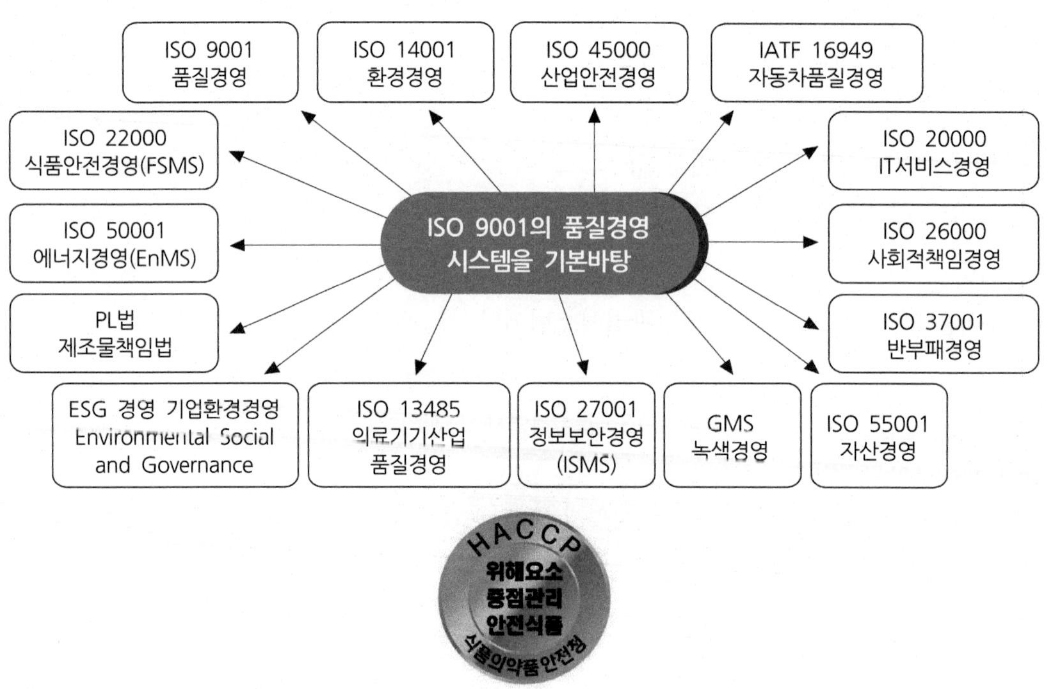


### (2) ISO 14001(환경경영시스템)과 ISO 45000(산업안전경영시스템)

산업분야에서 발생되는 오염방지, 안전사고, 보건위생에 관한 인증으로, 제조 기업체에 적용되고 있다.

### (3) 전문 분야별

그 외에 **전문 분야별**로, 자동차품질경영, 식품안전경영, 에너지경영, IT서비스경영, 사회적책임, 반부패경영, 자산경영, 정보보안경영, 의료기기산업품질경영, 제조물책임법(PL법), 녹색경영 등이 있고, 기타, 사업연속경영(ISO 22301), 물류보안(ISO/IEC 26000), 도로안전(ISO 39001), 환경(MS)사용지침(ISO 14003), 온실가스검증(ISO 14064), 탄소발자국(ISO

14064) 등이 있다.

ESG경영의 기업환경경영시스템은 국제화가 되어 가면서, 기업의 필수적인 인증으로 확산되고 있다. 또한, 식품 제조 관련 인증으로, 식품의약품안전처가 인정하는 '**위해요소 중점 관리기준**'의 **HACCP인증**이 있는데, 음식물을 취급하는 회사가 이 인증서를 갖고 있으면, 그 식품은 믿고 먹을 수 있는 조건이다.

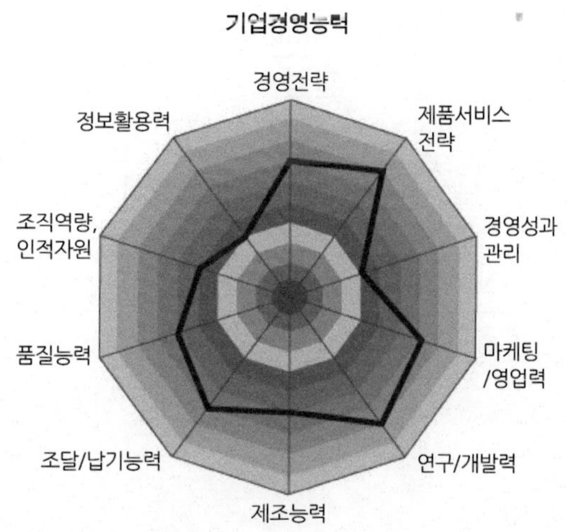

# 제06절 ESG경영(기업환경투명경영)이란 무엇인가

## 01 ESG경영의 의미와 필요성

ESG는 **환경**(Environmental, E), **사회**(Social, S), **지배구조**(Governance, G)의 머리글을 딴 조어로 기업의 비재무적 경영요소를 뜻한다. 과거 기업가치는 재무제표와 같은 정량적 지표에 의해 주로 평가되어 왔지만, 전 세계적인 기후변화 위기와 코로나19 팬데믹을 거치면서 최근에는 ESG와 같은 비재무적 가치의 중요성이 커지고 있다.

기업 입장에서 보면, 이러한 ESG의 직관적인 의미보다는 ESG가 기업에게 어떠한 영향을 미치는지 그 실질적 의미가 더 중요할 것이다. ESG는 기업이 **'지속 가능한'** 비즈니스를 달성하기 위한 3가지 핵심 요소이며, 재무제표에는 직접적으로 보이지 않아도 기업의 중장기 기업가치에 막대한 영향을 주는 비재무적 지표로 정의할 수 있다.

**그림 1-15** ESG의 구성요소와 개념(출처 : 삼정KPMG)

**ESG** 중장기 기업가치에 직간접적으로 큰 영향을 미치는 환경, 사회, 지배구조 측면에서의 비재무적 지표

| Environmental 환경 | Social 사회 | Governance 지배구조 |
|---|---|---|
| • 기후변화 및 탄소배출 | • 고객만족 | • 이사회 및 감사위원회 구성 |
| • 환경오염 및 환경규제 | • 데이터 보호 및 프라이버시 | • 뇌물 및 반부패 |
| • 생태계 및 생물 다양성 | • 인권, 성별 평등 및 다양성 | • 로비 및 정치 기부 |
| • 자원 및 폐기물 관리 | • 지역사회 관계 | • 기업윤리 |
| • 에너지 효율 | • 공급망 관리 | • 컴플라이언스 |
| • 책임 있는 구매/조달 등 | • 근로자 안전 등 | • 공정경쟁 등 |

## 02 ESG경영의 적용

세계 3대 연기금 중 하나인 노르웨이의 국부펀드는 ESG평가 기준에 따라 석탄, 담배, 핵무기를 생산하는 기업과 환경오염을 일으키는 기업, 부패하거나 인권을 침해하는 기업을 투자 대상에서 제외하고 있다. 마찬가지로 세계 3대 연기금 중 하나인 우리나라의 국민연금기금도 ESG 요소를 투자 결정에 반영하고, 2022년까지 ESG 관련 투자를 운용하는 기금의 50%로 확대하겠다고 밝혔다. 기업이 돈을 빌리거나 투자를 받을 때 중요한 평가 기준인 신용등급을 평가하는 스탠더드앤드푸어스(S&P)와 무디스, 피치와 같은 신용평가 기관은 이미 2019년부터 기업의 신용을 평가할 때 ESG 요소를 고려해 왔다.

ESG 관련 새로운 규제나 법안도 등장하고 있다. 유럽연합(EU)은 ESG 관련 여러 법안을 도입하고 있는데, 그 중에는 기업의 생산 · 공급망 전체에서 환경과 인권 보호 상황에 대한 조사를 의무화하는 제도도 포함하고 있다. 기업의 ESG 관련 정보를 의무적으로 공개하도록 하는 움직임도 나타나고 있다. 영국은 2025년까지 모든 기업에 ESG 정보 공시를 의무화한다는 계획을 밝혔으며, 우리나라의 금융위원회도 코스피 상장사를 대상으로 2030년까지 기업의 지속가능경영 보고서 공시를 의무화할 계획이다. 이외에도 미국, 일본 등 여러 국가에서 ESG 공시 의무화를 추진하고 있다.

## 03 ESG경영의 글로벌 사례

현재 ESG경영을 잘하고 있다고 평가받는 글로벌 기업의 사례를 소개한다.

MSCI의 ESG평가에서 2018년 6월 이후로 줄곧 AAA 등급을 받고 있는 기업은 마이크로소프트(Microsoft : MS)이다. 국내 기업인을 대상으로 한 설문조사에서도 ESG 경영을 가장 잘하는 해외 기업으로 뽑힌 MS는 탄소중립을 이미 2012년에 달성했으며, 더 나아가 탄소 흡수량이 탄소 배출량보다 높은 '**탄소 네거티브**(Carbon Negative)'를 2030년까지 달성하겠다는 목표를 세웠다. MS는 'AI for Good' 프로젝트도 진행하고 있다. 기후 문제 해결, 전 세계 공중보건 개선, 장애인의 접근성 향상, 아동보호 및 인권 증진, 문화유산 보존 등을 위해 인공지능(Artificial Intelligence : AI) 기술을 제공하는 프로젝트로, 이를 통해 MS가 사회 문제 해결을 위해 적극 나서고 있음을 파악할 수 있다.

미국의 아웃도어 브랜드 파타고니아(Patagonia)도 ESG경영의 우수 사례로 많이 언급되는 기업 중 하나이다. 파타고니아는 2011년 미국의 최대 쇼핑 행사인 '블랙 프라이데이(Black Friday)'때 '이 재킷을 사지 마세요(Don't buy this jacket)'라는 캠페인을 진행했다. 탄소와 각종 자원의 사용을 줄이기 위해 1년 중 가장 높은 매출을 올릴 수 있는 시기에 소비를 지양하자는 캠페인을 벌인 것이다. 파타고니아는 사람들이 불필요한 소비를 하지 않도록 오래 입을 수 있는 제품을 만들고자 노력하는 한편, 유기농 원료와 친환경, 공정무역 제품 등을 재료로 활용해 환경오염이나 사회 문제를 줄일 수 있는 생산 방법을 택하고 있다. 또한 매년 매출의 1%를 '지구에 내는 세금'으로 환경단체에 기부하며 모범적인 ESG경영을 보여주고 있다.

미국의 온라인 동영상 서비스 기업 넷플릭스(Netflix)는 2017년 '포용'을 기업의 문화적 가치에 포함했으며, 2021년 1월에는 1차 포용보고서를 발표했다. 이 보고서에서 넷플릭스는 직원의 성별과 인종별 비율을 공개하고, 앞으로도 히스패닉이나 라틴계 인재의 채용 비율을 높일 계획이라고 밝혔다. 또한 보유하고 있는 콘텐츠 306건의 등장인물과 제작진의 구성을 젠더, 성 소수자, 장애인 등의 기준으로 분석한 다양성 보고서를 발표하며 그간 소외되었던 계층의 목소리를 대변하는 콘텐츠를 늘리기 위해 '넷플릭스 창작발전기금'을 설립할 계획임을 알렸다.

## 04 ESG경영의 효과와 투명성

기업이 환경과 사회, 경영투명성을 관리한다는 것은 해당 기업 소비자에게 매우 긍정적으로 인식이 되기 때문에, ESG경영은 자연스럽게 마케팅으로 이어지게 된다. 기업의 입장에서는 ESG경영을 자선적 차원에서 행하는 것이 아닌, 궁극적으로 기업의 이익을 위해 행해야 하기 때문이다. 이러한 ESG마케팅은 얼마나 효과적일까?

'기업의 ESG활동에 관한 소비자 인식과 소비자 신뢰와 행동의도에 미치는 영향'에 따르면, 기업의 ESG활동은 마케팅 전략으로서 활용될 수 있으며, 기업의 ESG활동이 소비자의 신뢰에 긍정적인 영향을 미치는 것을 확인하였다. 구체적으로는 기업이 실행하는 모든 ESG활동은 호의성에 기반한 신뢰에 긍정적인 영향을 미치는 것으로 나타났으며, 기업의 ESG활동 중 사회 관련 활동은 소비자의 모든 신뢰에 긍정적인 영향을 미치는 것으로 나타났다.

실제로, 대한제분의 곰표는 곰표굿즈를 활용하여 해발고도 300미터 꼭대기에서 곰표굿즈를 무료로 나누어주는 팝업스토어를 열었다. 산 입구에서 곰표 포대 수령 후, 등산하는 동안 발견하는 쓰레기를 주워 정상에서 굿즈로 바꿈을 하는 활동이다. 해당 활동은 산 속 엄청난 양의 쓰레기를 효과적으로 제거하였으며, 곰표굿즈 또한, 오픈 몇 시간 만에 모두 품절이 되었다. 또한, 치킨 브랜드 노랑통닭의 경우 한강공원에 친환경 크라프트 종이로 만든 착한 돗자리 배치 캠페인을 진행하였다. 해당 활동은 피크닉에 필요한 돗자리를 크라프트 용지로 제작하여 시민들에게 무료로 제공하고, 돗자리 내부에는 치킨 주문에 대한 안내 메시지 및 디지털 주문 기능을 더해 노랑통닭과 소비자의 구매접점을 어필하였다. 이를 통해 피크닉 장소에서 무분별하게 버려지고 있던 비닐 소재 돗자리 쓰레기가 줄어들었으며, 시민들 또한 행복한 피크닉을 편하게 즐길 수 있게 되었다.

ESG는 단순히 소비자 반응이 아닌 제도적으로 기업을 관리할 수단이 될 것으로 보여진다. 2025년부터는 우리나라에서 자산 규모 2조 이상 코스피 상장사에 대하여, 2030년부터는 모든 상장사에 대하여 ESG 정보 공시를 의무화 하기로 하였다. 환경에 대한 기업의 의무와 사회적 역할, 그리고 기업구조를 투명화 시킬 수 있는 효과적인 장치가 될 것이다. 기업이 ESG를 이름만 낼 것이 아닌, 실천 의지와 구체적인 실행계획을 동반한 ESG사업을 진행하면, 소비자의 긍정적 반응, 매출을 이끌어내고, 제도적 흐름에서도 성공적으로 살아남을 수 있을 것이다.

## 05 공공기관의 ESG관리

2022년 2월, 기획재정부는 ESG 경영문화를 확산하기 위해 ESG 관련 항목을 추가한 '**공공기관의 통합공시에 관한 기준**'을 개정하여 법 · 제도적 측면에서 지원을 준비하고 있으며,

공공기관에 공통적으로 적용하는 ESG 공시 내용은, 국제 기준이나 국내 기업에 요구되는 수준에 비해서 제한적일 수밖에 없지만, 정부는 ESG경영의 선도적 역할을 기대하며 공시 기준을 마련한 것으로 보인다.

① 탄소중립 실천에 적극 참여를 유도하고 공공기관 간 비교를 가능하게 함으로써 환경보호 영역의 책임성을 제고하고자 함이고,

② **정보보호 · 인권 · 상생협력 경영성과**와 관련 정보들을 적극 공개하여 공공기관이 **사회**

적 포용문화 확산에 기여를 하도록 함과,

③ 공공기관의 윤리경영 진단에 필요한 '정부감사부서 현황' 및 '청렴도 평가 결과' 공시 항목을 추가하여 반부패 · 청렴활동 쇄신에 대한 국민적 기대에 부응하도록 함이다.

**표 1-6** 공공기관의 통합공시에 관한 기준 중 ESG관리 항목

| 분류 | 항 목 | 공시 내용 | 점검 주기 |
|---|---|---|---|
| E (Environ-mental) | 에너지 사용량 | 연간 총 사용량 | 정기(매 4월) |
| | 폐기물 발생량 | 연간 폐기물 발생량 | 정기(매 4월) |
| | 용수 사용량 | 연간 용수 사용량 | 정기(매 4월) |
| | 환경법규 위반 현황 | 환경사고 발생 등 | 수 시 |
| | 저공해 자동차 현황 | 저공해차량 구매현황 | 정기(매 7월) |
| S (Social) | 인권경영 | 체계 구축 등 | 정기(매 7월) |
| | 동반성장 | 평가 결과 등급 | 정기(매 7월) |
| | 개인정보보호 | 진단결과 등급 | 정기(매 7월) |
| G (Govern-mance) | 자체 감사부서 현황 | 조직, 업무분장 등 | 정기(매 7월) |
| | 청렴도 평가결과 | 평가 결과 등급 | 정기(매 7월) |

# 제07절 4차산업시대의 스마트공장이란 어떤 것인가

## 01 스마트공장의 내력

4차산업시대의 Smart Industry로도 불리는 Industrie 4.0(이하, 인더스트리 4.0)은 임베디드시스템부터 사이버 물리시스템에 이르는 기술 분야의 혁신("Technological evolution from embedded systems to cyber-physical systems")을 의미한다.

또한, 제품의 기획, 설계, 생산, 유통판매, 등 전 과정의 IoT, CPS, IoS 등의 ICT와 융합하여, 자동화 및 정보화가 되어 가치사슬 전체가 실시간 연동통합 됨으로써, 생산성 향상, 에너지절감, 인간중심의 작업환경을 구현하고, 최적비용 및 시간으로 고객맞춤형 제품을 생산하는 공장을 의미한다.

**그림 1-16** 산업혁명의 개념에서 본 인더스트리 4.0

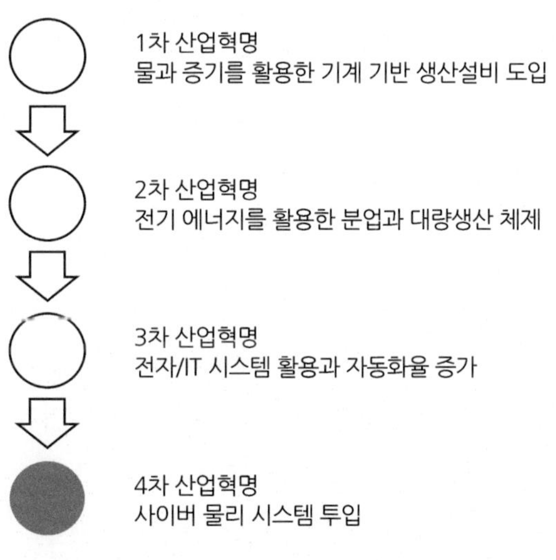


자료원 : 독일인공지능연구센터(2011)

인더스트리 4.0은 임베디드 시스템 생산기술과 스마트생산 프로세스를 결합하는 제조업을 말한다.

① 사물 인터넷(Internet of Things), 데이터 및 관련 서비스, 분산형(distributed) 지능 시

스템, 자율형 프로세스 관리와 같은 첨단 기술을 실물 및 가상 세계에 적용, 생산 및 제조 프로세스의 새 장을 열어, 4차산업혁명이라고 일컬을 수 있는 혁신으로 기대를 모으며,

② 중앙 집중형 생산에서 분산형 생산으로의 패러다임 전환을 통해 전통적인 생산 방식을 탈피하고자 함이며,

③ 이는, 기계 및 기계 설비가 단순히 제품을 처리하는 수단이 아닌 제품과 기계간의 커뮤니케이션을 통해 정확히 어떤 과업을 수행해야 하는지 인지할 수 있는 생산의 주체로 변화함을 의미한다.

## 02 사이버 물리 시스템

① 사이버 물리 시스템(CPS)는 가상 및 현실 세계를 연결해주는 매개적 기술로, 지능형 객체간 통신 및 상호작용을 돕는 "enabler"의 역할을 수행하며,

- 사이버 물리 시스템은 기존의 임베디드 시스템을 한 단계 진화시킨 형태
- 인터넷, 데이터 및 관련 서비스를 통해 임베디드 시스템과의 통합으로 사이버 물리 시스템으로 탈바꿈한다.

② 사이버 물리 시스템은 인더스트리 4.0에서 제시하는 사물 인터넷과 서비스 인터넷을 실현하는 기술 베이스로 인식하며,

- 이 두 기술은 "enabling technology"로, 다양한 혁신적 애플리케이션과 프로세스를 통해 가상 세계와 실물 세계간의 벽을 허무는 역할을 수행한다.
- 인터넷이 사람 간의 의사소통 방법을 획기적으로 바꾼 것처럼, 기계 간 통신 및 상호작용의 원리를 근본적으로 변화시킬 수 있게 된다.

③ 고성능 소프트웨어 기반 임베디드 시스템과 그 사용자는 전혀 새로운 시스템 기능에 참여할 수 있게 되고,

- 최신 스마트폰의 예처럼, 다양한 응용 프로그램 묶음과 서비스를 기존의 전화기 개념의 장치에서 사용할 수 있으며,
- 사이버 물리 시스템은 기존의 비즈니스 모델과 시장 모델을 완전히 바꾸는 이른바, 패러다임 전환의 주역으로, 꾸준한 혁신을 통해 서비스 제공자와 가치 사슬의 혁신

적인 변화 가져올 전망이다.

④ 자동차, 에너지 및 제조 기술 기업은 새로운 가치시슬 모델로 전환될 것

- 세계화, 도시화, 인구변화, 에너지 전환과 같은 메가 트렌드 변화는 특정 지역이나 국가에 국한된 솔루션이 아닌 글로벌 관점을 염두에 두어야 하며,
- 미래 사이버 물리 시스템은 보안, 효율, 편의성 및 건강과 같은 가치를 기존에 상상할 수 없는 방법으로 증진시킬 수 있다.
- 특히, 기후 변화, 자원 안보, 지속 가능한 모빌리티, 에너지 전환과 같은 미래 도전 과제를 적극적으로 대응하는 것이 가능해진다.

## 03 사이버 물리 시스템, 사물 인터넷, 데이터, 서비스

① 사물 인터넷, 데이터 및 관련 서비스의 범위와 기능은 진화 중이며, 그 배경에는 임베디드시스템의 인터넷을 통한 상호 연결로 전제가 된다(임베디드 : PC 이외의 장비에 사용되는 칩을 말하며, 끼워 넣는다는 의미).

**그림 1-17** 사물 인터넷과 임베디드 시스템의 발전

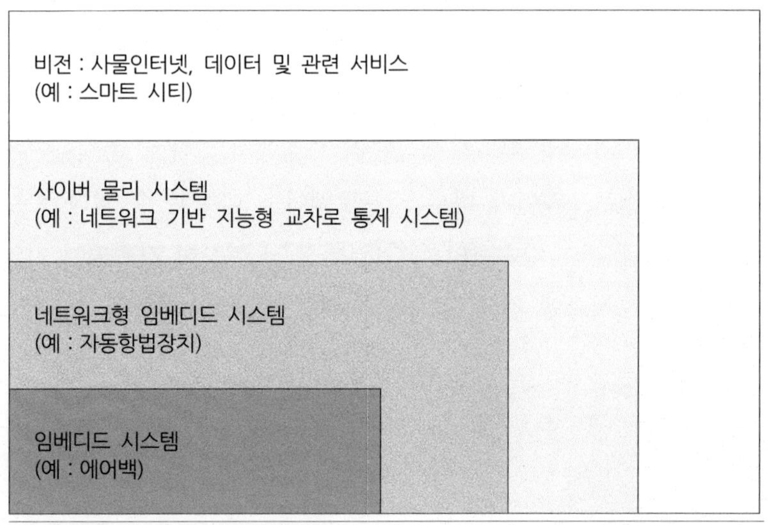


자료 출처 : 독일과학기술학회(2011)

- 닫힌(closed) 임베디드시스템(예 : 자동차용 에어백)은 가장 단순한 형태의 임베디드시스템
- 지역적으로(locally) 네트워크화 된 임베디드시스템은 이미 2009년 National Roadmap Embeded Systems에서 제시한 형태
- 독일 과학기술학회(Acatech) 는 이후 "Agenda CPS"를 발표, 임베디드시스템에 글로벌 네트워킹 개념을 추가한 예가, 교차로에서 혼잡 정보를 인식할 수 있는 지능형 네트워크이다.
- 사이버 물리시스템은 그 기능 수준을 한 단계 격상시킨 것으로 사물 인터넷, 데이터 및 관련 서비스를 활용한 스마트 시티가 대표적인 예가 될 수 있다.

② 인더스트리 4.0이 소프트웨어 산업에 갖는 의미는,

- 인더스트리 4.0 개념이 처음으로 제시된 이후, 독일 소프트웨어 산업에서는 이를 ERP(전사적 자원관리 시스템) 또는 MES(생산실행시스템) 중 어느 쪽에 무게를 실어서 미래 산업 주도권을 선점해야 할지에 대한 많은 논쟁이 일어나고 있고,
- ERP 소프트웨어가 생산단계에서 공정 통제 시스템(PSC)로 연결되기 때문에 ERP시스템의 역할이 축소되거나 사라질 것이라는 주장이 있는 반면, MES시스템의 지속적인 성능 및 기능 개선은 인더스트리 4.0에서 추구하는 형태의 혁신을 실현할 수 있을 것이라는 주장도 존재한다.
- 그러나, 실제로 인더스트리 4.0로 인해 생산 관리 소프트웨어 자체가 근본적으로 변화할 것이라고 보기는 어려움이 있다.
- 전통적인 ERP와 MES의 영역은 생산관리 관점에서 그대로 존재할 수밖에 없는 것이 즉, 하나의 소프트웨어가 다른 소프트웨어를 대체할 수 없다는 것이다.
- 오히려 두 시스템 간의 지속적인 융합(컨버전스) 현장이 지속되어 기업용 정보시스템과 산업용 정보시스템 간의 경계가 희석될 가능성이 높다.

그림 1-18 스마트 기술들의 요소

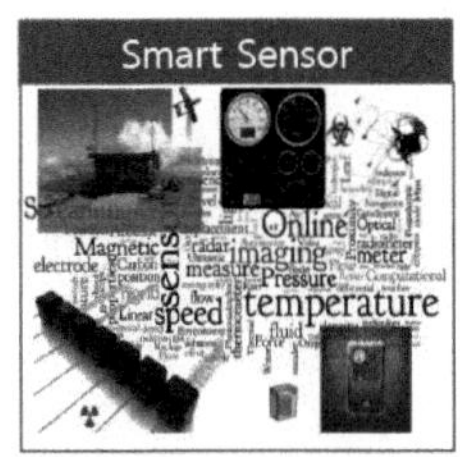

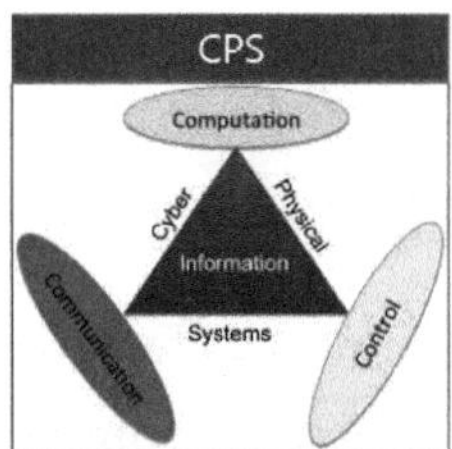

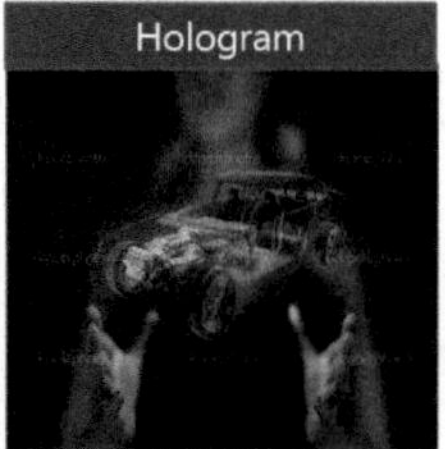


## 04 산업패러다임의 변화

① 저성장과 저수익성시대로 접어들은 여건에, 원가절감과 생산성향상이 절실한 시기로,

② 4차산업시대에 모든 분야가 연계가 되며, 융합화로 이어져, 디지털화와 정 보화가 되어 다양한 기능 · 성능이 사이버 공간과 물리적인 시스템의 연계가 이루어져 가며,

③ 지속적인 성장 기반의 강화가 필요하여, 혁신역량인 적정기술과 인적자본 의 중장기적인 인력 확충이 절실한 입장이다.

④ 국내 산업들의 구조개편과 기업 구조조정이 필요한 시점에서, 선진화로 가는 국가산업의 미래 전략수립이 필요한 때이다.

## 05 산업의 경쟁력 저하

### (1) 제조업의 위기감

수출 부진과, 제조업의 생산 감소로 인한 기업의 경쟁력 약화와, 주력 산업분야의 고임

금과, 소득 양극화 현상으로 저생산성과 저효율이 원인이라 볼 수 있고,

### (2) 빠른 추격자들의 전략의 한계

미래 산업에서 선진국과 기술 격차의 확대와, 개도국인 중국의 연구개발 투자 증가세 등이 경쟁력에 영향을 미치며, 자동차 등 R&D부문의 집약도 비교하면, 미국, 독일, 유럽, 일본, 한국을 비교해 보면, 우리나라는 열악한 입장의 투자 수치이다.

### (3) 우리나라의 나아 갈 방향과 과제

우리나라의 세계적인 주력 산업이 자동차산업, 전자 부문, 외 경쟁력이 있는 분야가 있으나, 이들도 높은 진입장벽과 치열한 경쟁력으로, 어려움이 많지만 신기술, 신제품의 개발 등으로, 국내뿐만 아니라 수출을 주력으로 나아가는 방안을 찾아야 한다.

### (4) 스마트공장의 프로세스화

① **수요관리** : 생산 및 판매계획, 재고관리를 기초 단계, 중간 1단계, 2단계로 체계적인 관리를 해야 한다.
② **설계관리** : 생산 관련 설계기획으로 합리적인 설계를 해야 하고,
③ **자재재고관리** : 원 · 부자재관리, 완성품관리를 체계적으로 해야 한다.
④ **생산관리** : 수요계획에 따른 생산 기획관리를 해야 하고,
⑤ **품질관리** : 제품의 품질수준을 올리며, 전체 품질보증과 품질경영을 한다.
⑥ **설비관리** : 제조설비관리로, 평소 정기적 체크로 유지관리를 해야 하고,
⑦ **공정관리** : 각 공정별 요구 품질이 나올 수 있도록 공정을 안정화 한다.
⑧ **물류관리** : 공정 간의 이동에서, 완성품의 이동과 보관, 고객인도까지 해당,
⑨ **에너지관리** : 생산에 필요한 전기, 가스, 물, 증기, 기타 필요한 공급원,
⑩ **인적자원관리** : 생산과 관리에 필요한 인력의 선발, 교육, 훈련, 배치한다.

이러한 요소별 관리와 전체적인 시스템관리를 전산화하는 체계도 갖추어야 스마트공장이 된다.

## 06 제조실행시스템(MES : Manufacturing Execution System)의 개요

현장의 실시간 Data를 이용하여 주문 제품의 투입에서 출하까지 생산 활동을 최적화 할 수 있는 정보를 제공하며, 이를 통해 부가가치 없는 활동을 줄이고, 효율적인 공장 운영이 가능하도록 하며, 변화(예외사항)에 신속히 대응할 수 있도록 지원하는 관리지원시스템이다.

**표 1-7** 주요 산업별 4차산업시대 핵심기술 활용단계 및 특징

| 구 분 | 현재 수준 | 3년 후 |
|---|---|---|
| 자동차 | • 자율주행을 위한 기반인 연결성 강화를 위해 빅데이터 및 네트워크 기술 적용 활발 | • 인공지능 적용을 위한 연구단계 진입, 연결성 확산 강화 |
| 조선 | • 선박 설계·제조 및 운항 관련 빅데이터 및 네트워크 기술 적용 활발 | • IoT와 클라우드 등 스마트선박을 위한 기술 적용 추진 시작, 상용화 |
| 로봇 | • 클라우드, IoT 및 약한 수준의 AI와 결합한 바리스타로봇 도입 초기 | • 빅데이터 및 클라우드컴퓨팅 강화와 진전된 AI로 고난이도의 서비스로봇의 적용 범위 확산 |
| 일반기계 | • 센싱, 네트워킹 등 IoT를 적극 활용 통합솔루션 제공(서비스영역 강화 추세) | • 대부분의 핵심기술이 확산·강화 단계에 진입할 것으로 예상 |
| 엔지니어링 | • 기획, 설계 등 제조 서비스 영역에 4차산업시대 주요 기술이 활발히 적용 | • AI와 빅데이터를 활용한 3D 지능형 설계 등 대부분의 기술이 대부분 엔지니어링 전 영역에 확산, 강화 예상 |
| 철강 | • 소재 물성 확인, 성능 향상 등을 나노기술 및 빅데이터 기술 실행 초기 단계에 접근 | • 데이터 및 공정을 기반으로 IoT, 클라우드, 모바일, CPS가 도입이 되면서 플랫폼 경쟁이 예상 |
| 화학 | • 최적 솔루션을 제공하기 위해 빅데이터, 모바일 등의 기술이 일부 활용되면서 실행 초기에 접근 | • 센싱 등 IoT와 클라우드 적용이 보편화 되면 플랫폼 구축을 기반기술 적용이 확산될 예상 |
| 의류 | • 현재 소재기술 혁신을 위해 빅데이터 활용이 검토되고 있는 수준 | • 섬유소재 개발 관련하여 빅데이터 활용이 활발할 것으로 보이지만 다른 기술의 적용은 낮을 것으로 예상 |
| 식품 | • 소재개발, 소비자 선호조사에서 빅데이터의 활용이 검토되고 있는 단계 | • 소지자 선호를 생산공정에서 즉각 반영하기 위해 지능정보기술 적용을 위한 계획 수립 단계 진입 예상 |
| 통신기기 | • 이미 초기 수준의 4차산업시대 특징이 나타나고 있는 상황 | • 대부분의 지능정보기술과 바이오기술이 결합되면서 스마트기기의 초지능화 진행이 된다. |

| 구 분 | 현재 수준 | 3년 후 |
|---|---|---|
| 가전 | • 홈네트워크 가전에서 IoT 가전으로 변화하면서 이미 모든 분야에서 계획수립 단계 진입 | • 대부분의 기술이 확대 적용되면서 빠르게 초연결, 초지능화 할 것으로 예상 |
| 반도체 | • 제품 설계 및 연구개발에서 성능 및 공정 향상을 위한 빅데이터, AI, VR기술이 계획 및 실행 초기 단계에 진입 | • 향후 활용 범위가 확대되면서 신제품 개발 연구개발 속도 향상에 영향을 미칠 것으로 예상 |
| 디스플레이 | • 공정에 로봇이 적용되고 있으나 지능정보 기술의 전반적인 활용에 대해서는 아직 조사 단계 | • 수율 제고를 위한 IoT, 빅데이터 등을 활용한 네트 활용이 확대될 것으로 예상 |
| 스마트 그리드 | • 현재 양방향 송배전을 위한 IoT 기술이 실증 중 | • 지능형 송배전이 더욱 확산될 것으로 예상되나 다른 기술의 활용은 3년 이내에는 제한적일 것으로 예상 |
| 바이오헬스 | • 급증하는 건강의료정보를 활용하기 위해 지능정보기술의 적용이 시작되는 단계 | • 향후 스마트 건강관리 플랫폼을 중심으로 지능정보기술의 활용이 확산, 강화될 전망 |
| 3D프린팅 | • 빅데이터, 클라우드 및 모바일 기술이 3D 프린팅산업에 적용 | • IoT 및 CPS 등의 기술은 다소 시간이 소요될 것으로 전망됨 |

다음 그림 1-19는 스마트공장의 **제조실행시스템(MES)**의 예로,

① 작업지시 관리 지원, ② 실시간 모니터링 기능, ③ 실시간 공정관리 및 통제 기능, ④ 생산실적 및 수율 KPI관리 기능, ⑤ 생산진행 및 재공관리 기능, ⑥ 설비 생산성 관리 기능, ⑦ 금형 타수 및 수명관리 기능, ⑧ LOT 추적성 기능, ⑨ 불량분석 및 부적합관리 기능, ⑩ 품질규격, 공정조건 SPC기능, ⑪ 바코드 기반 자재/제품 물류관리 기능, ⑫ 제조현장 중심의 생산운영 및 통제, ⑬ 제조현장 Digital화 기능, ⑭ IoT 기반 제조현장 자동화 구현, ⑮ ERP 시스템 연동

등을 통제한다.

**그림 1-19** 스마트공장의 제조실행시스템의 예시

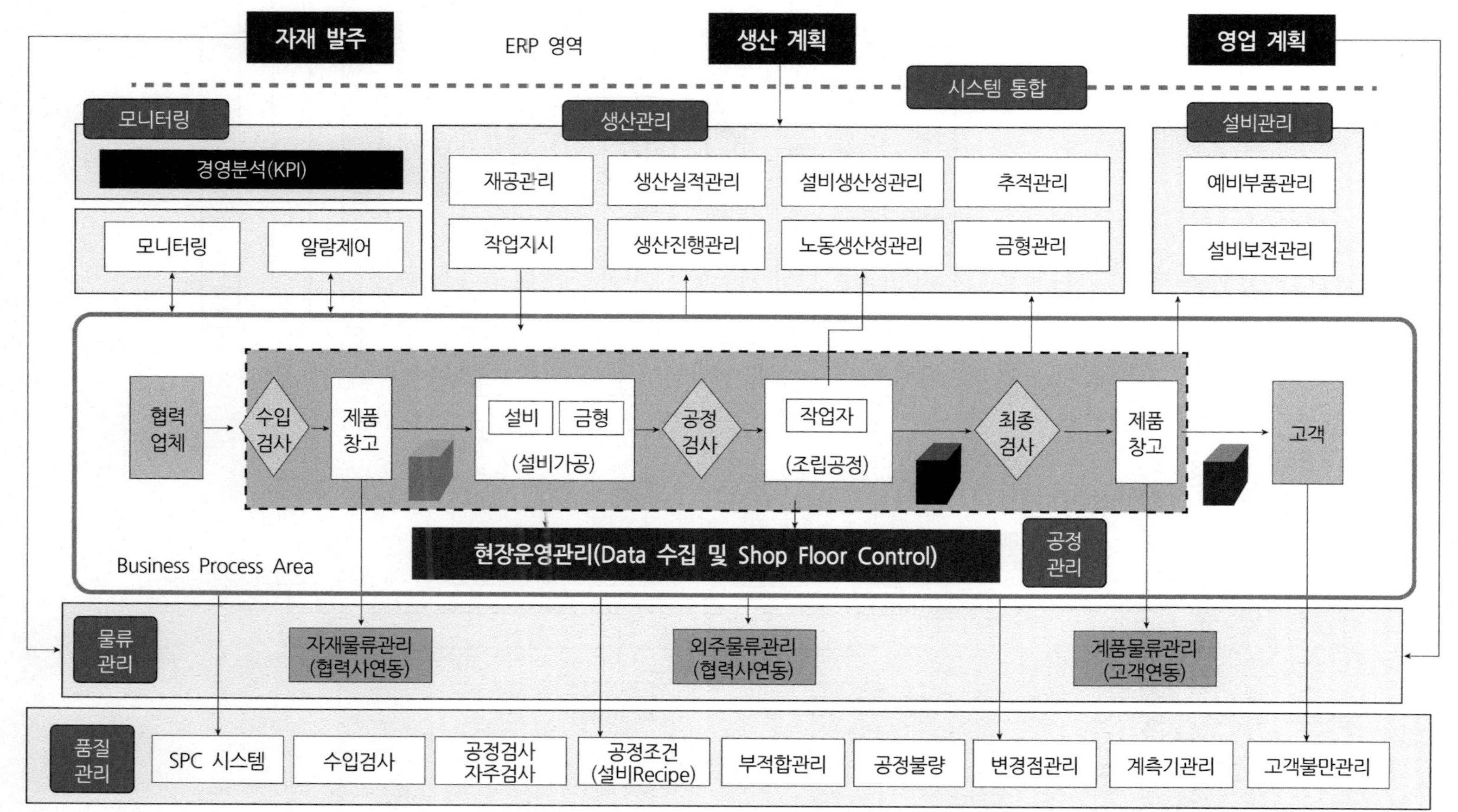

# 제08절 차세대 공정기술과 신기술 개발

차세대 제조 공정기술은 소재다원화와, 지능화 공정기술로 구분되어 첨단 제조 공법에 대하여 발전이 되면서 연구가 되고 있다.

이러한 공법들은 제조 기술력 또는, 생산 기술력의 발전으로, 제조 공법이 나날이 개발되고 있는 것은, ① 누가해도 할 수 있고, ② 값싸고(저원가), 빨리 생산, ③ 요구 품질 수준에 맞게, ④ 다양한 모델에서 쉽게 생산될 수 있도록 관리기술을 적용하자는 것으로, 우리나라의 제조 기술력은 상당한 수준을 갖추고 있다고 볼 수 있다.

**그림 1-20** 5대 혁신분야별 구분 및 예시표

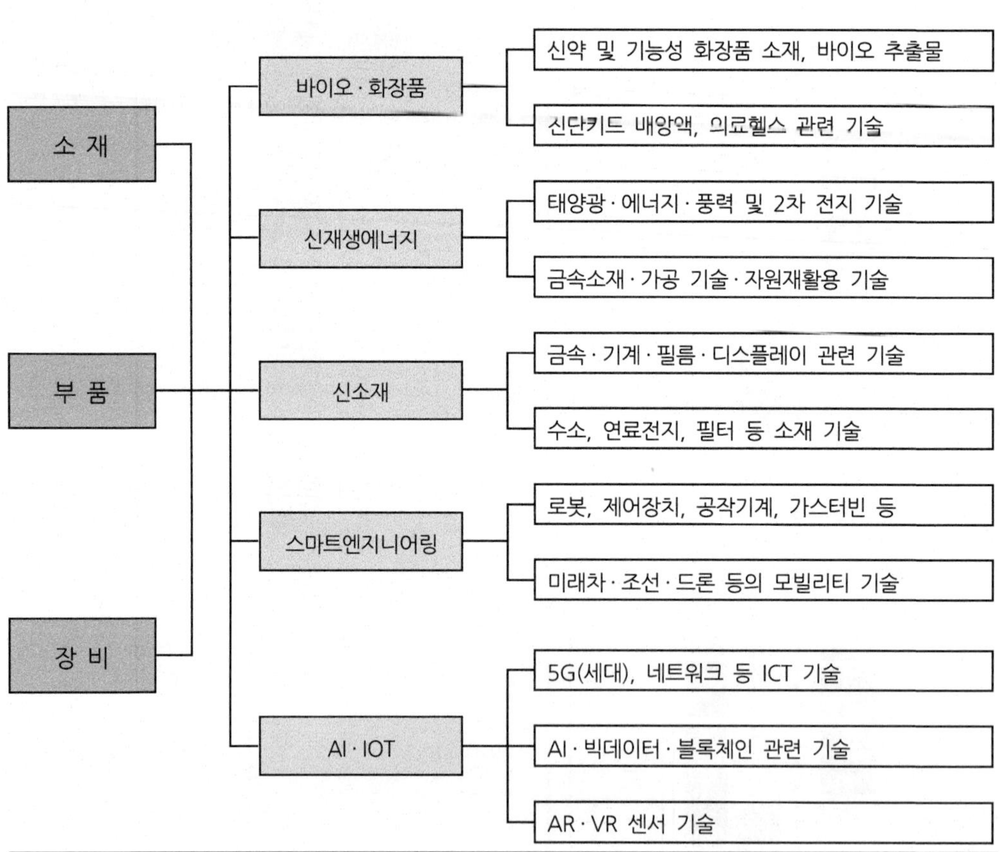

그렇지만, 우리의 기술수준이 선진화가 되어 가고 있지만, 10년 후를 내다 보면서 냉철하게 평가한다면, 과연, 다음 8가지가 유지가 되고, 각성해야 할 점이 있지 않나 본다.

① 우리기업들 중에 세계적으로 다섯 손가락에 들어가는 기업이 몇 개나 있을까?
② 우리나라 제품 중에서 세계적으로 우수하다고 볼 수 있는 것이 몇 개나 있을까?
③ 이러한 기업과 제품이 10년 후에도 그 명성을 지속할 수가 있을까?
④ 과거 10년 전에 세계 일등 기업과 제품들이 얼마나 남아 있을까?
⑤ 그 기업과 제품들은 지금은 그 위치를 지속하고 있을까?
⑥ 우리국민이 잘 된 기업의 부(富)를 축적한 것에 대하여 배가 아픈 것은 아닐까?
⑦ 미래를 위해 그런 기업과 제품의 지속성에 대해서 걱정을 해 본 적이 있는가?
⑧ 지금부터 10년 이후 글로벌 일등의 부국으로 될 우리나라를 상상해 보았으며, 그렇게 될 수 있다고 생각하는가?

이러한 상황에서, 산업기술 분야에서 생산되는 부품 자체가 요구되는 성능, 기능에 따라 구조, 재질, 제조 공법 등의 기술 발전을 시켜 나가야 할 부문이 많이 있다.

## 01 소재의 다원화

### (1) 사출 · 프레스 부문(3개 전문 분야)

① 고분자 가공기술, ② 고분자 성형기술, ③ 복합재료 제조공정 기술

### (2) 정밀가공 부문(6개 전문 분야)

① 절삭가공, ② 연삭가공, ③ 연마가공, ④ 광에너지응용가공, ⑤ 전기에너지응용가공, ⑥ 화학에너지응용가공

### (3) 적층 제조 부문(3개 전문 분야)

① 분말가공기술, ② 용융기술, ③ 기타 적층 관련기술(3D)

### (4) 산업용 필름 및 지류공정 부문(3개 전문 분야)

① 고분자 박막제조기술, ② 고분자 코팅제조기술, ③ 제지공정

## 02 지능화의 공정기술

### (1) 로봇 부문(3개 전문 분야)

① 로봇생산자동화기술, ② 로봇 관련 정보기술·소프트웨어 ③ 자동화기계 관련 정보기술·소프트웨어

### (2) 센스 부문(4개 전문 분야)

① 계측기술, ② 센서기술, ③ 시스템통합화기술, ④ 인식기술

### (3) 산업지능형 소프트웨어 부문(7개 전문 분야)

① 소프트웨어솔루션, ② 생산관리 서비스, ③ 계량분석 서비스, ④ 시험관리 서비스, ⑤ 검사관리 서비스, ⑥ 분석관리 서비스, ⑦ 품질관리 서비스

### (4) 엔지니어링 설계 부문(9개 전문 분야)

① 설계기술, ② 생산모델링 서비스, ③ 시뮬레이션 서비스, ④ 컴퓨터 이용 설계(CAD) 관련 소프트웨어, ⑤ 컴퓨터 이용 제조(CAM) 관련 소프트웨어, ⑥ 주조 관련 소프트웨어, ⑦ 용접 관련 소프트웨어, ⑧ 소성가공 관련 소프트웨어, ⑨ 기타 뿌리기술 관련 소프트웨어 등이 있다.

다음 표는 산업기술분류표는 공통운영요령 제16조에 따른 산업기술분류표로, 각 분야별로 분류한 것이다.

**표 1-8** 산업 기술의 상세 분류

[대분류 : 기계 · 소재]

| 중분류 | 소분류 | 중분류 | 소분류 |
|---|---|---|---|
| 정밀 생산 기계 | ① 절삭 가공기계 | 요소 부품 | ③ 완충/제동용 요소부품 |
| | ② 연삭/연마 가공기계 | | ④ 회전축용 요소부품 |
| | ③ 광(光)에너지 응용 가공기계 | | ⑤ 배관용 요소부품 |
| | ④ 전기/화학 에너지 응용 가공기계 | | ⑥ 유공압 부품 |
| | ⑤ 수치제어장치 | | ⑦ 액추에이터 |
| | ⑥ 프레스 기계 | | ⑧ 절삭/연삭공구 |
| | ⑦ 사출 기계 | | ⑨ 치공구 |
| | ⑧ CAD/CAM 관련 Soft Ware | | ⑩ 금형 |
| | ⑨ 기타 정밀생산기계 관련기술 | | ⑪ 요소부품 관련 Soft Ware |
| | ⑩ 정밀생산기계 관련 IT · SW | | ⑫ 기타 요소부품 |
| 자동차/ 철도 차량 | ① 엔진 및 동력전달장치 | 로봇/ 자동화 기계 | ① 로봇 설계기술 |
| | ② 전기 및 전자장치 | | ② 로봇 제어 및 지능화 기술 |
| | ③ 차체 및 경량화 기술 | | ③ 로봇 비전 및 생산자동화 기술 |
| | ④ 공조기술 | | ④ 기계 자동화 기술 |
| | ⑤ 차량운동성능 및 진동/소음저감기술 | | ⑤ 조립/정밀 이송 기술 |
| | ⑥ 안전도 향상 기술 | | ⑥ 자동화 관련 계측/센서 기술 |
| | ⑦ 차량 지능화 기술 | | ⑦ 로봇/자동화기계 관련 IT · SW |
| | ⑧ 철도차량 추진/제어기술 | | ⑧ 기타 로봇/자동화기계 관련기술 |
| | ⑨ 시스템 통합기술 | 산업/ 일반 기계 | ① 농업기계 |
| | ⑩ 저공해 및 대체에너지 차량기술 | | ② 인쇄/섬유기계 |
| | ⑪ 기타 자동차/철도차량 관련기술 | | ③ 식품포장기계 |
| | ⑫ 자동차/철도차량 관련 IT · SW | | ④ 건설/광산기계 |
| 에너지/ 환경 기계 시스템 | ① 공기조화/냉동기계 | | ⑤ 일반가공기계 |
| | ② 보일러/로설비 | | ⑥ 방재소방기계 |
| | ③ 유체기계 | | ⑦ 운송하역기계 |
| | ④ 수처리 설비 | | ⑧ 정보산업장비 |
| | ⑤ 폐기물 처리설비 | | ⑨ 산업/일반기계 관련 Soft Ware |
| | ⑥ 대기오염 방지설비 | | ⑩ 기타, 산업/일반기계 관련기술 |
| | ⑦ 건조/농축 설비 | 조선/ 해양 시스템 | ① 선박소재/구조기술 |
| | ⑧ 에너지/환경 제어설비 | | ② 선형 개발/성능해석기술 |
| | ⑨ IBS/HA 시스템 기술 | | ③ 주기/보기 및 추진 계통 부품 |
| | ⑩ 에너지/환경 기계 시스템 관련 IT · SW | | ④ 갑판설비 및 항해통신장치 |
| | ⑪ 기타 에너지/환경 기계 시스템 관련기술 | | ⑤ 선박생산시스템/건조공법 |
| 요소 부품 | ① 체결용 요소부품 | | ⑥ 해양구조물/설비기술 |
| | ② 전동용 요소부품 | | ⑦ 해양레저 및 탐사장비 |

| 중분류 | 소분류 | 중분류 | 소분류 |
|---|---|---|---|
| 조선/해양 시스템 | ⑧ 해양 환경/안전설비 | 주조/용접 | ④ 다이케스팅 |
| | ⑨ 조선/해양시스템 관련 IT · SW | | ⑤ 주조/용접재료 |
| | ⑩ 기타 조선/해양 시스템 관련 기술 | | ⑥ Brazing/Soldering |
| 항공/우주 시스템 | ① 고정익/회전익 항공기 기체 | | ⑦ 아크용접 |
| | ② 고정익/회전익 항공기 동력장치 | | ⑧ 특수용접/접합기술 |
| | ③ 고정익/회전익 항공기 기계 시스템 | | ⑨ 용접부 분석평가기술 |
| | ④ 고정익/회전익 항공기 전기전자시스템 | | ⑩ 주조/용접 관련 S/W |
| | ⑤ 인공위성체/탑재체 시스템 | | ⑪ 기타 주조/용접 관련기술 |
| | ⑥ 액체 추진제 발사체 시스템 | 소성가공/분말 | ① 단조기술 |
| | ⑦ 고체 추진체 발사체 시스템 | | ② 압출기술 |
| | ⑧ 항공우주 지상설비 시스템 | | ③ 인발기술 |
| | ⑨ 항공/우주 시스템 관련 IT · SW | | ④ 압연기술 |
| | ⑩ 기타 항공/우주 시스템 관련기술 | | ⑤ 판재성형기술 |
| 나노 · 마이크로 기계 시스템 | ① 나노마이크로 센서 | | ⑥ 분말제조기술 |
| | ② 초소형 구동장치 | | ⑦ 분말가공기술 |
| | ③ 초소형 디바이스 | | ⑧ 소성가공 관련 S/W |
| | ④ 초소형 가공 · 조립 · 측정기술 | | ⑨ 기타 소성가공/분말 관련기술 |
| | ⑤ 시스템 특성분석 · 신뢰성 평가기술 | 표면처리 | ① 열처리기술 |
| | ⑥ 시스템 집적화 기술 | | ② 도금기술 |
| | ⑦ 시스템 통합화 기술 | | ③ 박막제조기술 |
| | ⑧ 나노 마이크로기계시스템 관련 IT · SW | | ④ 용사기술 |
| | ⑨ 기타 나노 마이크로기계시스템 관련기술 | | ⑤ 에칭기술 |
| 금속재료 | ① 구조재료 | | ⑥ 부/방식기술 |
| | ② 기능재료 | | ⑦ 침탄/질화기술 |
| | ③ 복합재료 | | ⑧ 전자부품 표면처리기술 |
| | ④ 재료공정기술 | | ⑨ 표면물성 개질기술 |
| | ⑤ 기계/전자부품소재기술 | | ⑩ 기타 표면처리기술 |
| | ⑥ 에너지소재기술 | 청정생산 | ① 청정생산 공정설계 |
| | ⑦ 생체재료기술 | | ② 공정개선기술 |
| | ⑧ 금속정제/회수기술 | | ③ 공정 및 생산관리기술 |
| | ⑨ 재료분석/평가기술 | | ④ 유해 원부재료 대체기술 |
| | ⑩ 기타 금속재료 관련기술 | | ⑤ 환경친화적 제품설계기술 |
| 주조/용접 | ① 사형주조 | | ⑥ 환경친화제품 제조기술 |
| | ② 금형주조 | | ⑦ 자원재활용 기술 |
| | ③ 특수주조 | | ⑧ 청정생산 관련 IT · SW |

[대분류 : 전기 · 전자]

| 중분류 | 소분류 | 중분류 | 소분류 |
|---|---|---|---|
| 광응용 기기 | ① 레이저 관련부품 및 발생장치 | 가정용 기기 및 전자응용 기기 | ① 정보가전기기 |
| | ② 레이저 가공기 | | ② 음성정보기술 응용기기 |
| | ③ 결상기기 | | ③ 조명기기 |
| | ④ 광계측 · 제어기기 | | ④ 소형가전 |
| | ⑤ 광원 | | ⑤ 백색가전 |
| | ⑥ 광소재 | | ⑥ 가정용 가스기기 |
| | ⑦ 광부품 | | ⑦ 냉 · 난방기기 |
| | ⑧ 광소자 | | ⑧ 자동판매기 |
| | ⑨ 기타 광응용기기 | | ⑨ 현금자동입출금기 |
| 반도체 장비 | ① 열처리장비 | | ⑩ 기타 가정용기기 및 전자응용기기 |
| | ② 노광 · 트랙장비 | 계측 기기 | ① 계측센서 및 부품 |
| | ③ 에칭 장비 | | ② 화학량 시험/분석 계측기 |
| | ④ 폴리싱(CMP)장비 | | ③ 물리량 시험/분석 계측기 |
| | ⑤ 증착장비 | | ④ 환경계측기 |
| | ⑥ 이온주입장비 | | ⑤ 안전감시/진단 계측제어기 |
| | ⑦ 세정장비 | | ⑥ 유체 제어계측기 |
| | ⑧ 패키징장비 | | ⑦ 전자 계측기 |
| | ⑨ 측정/검사 장비 | | ⑧ 광계측기 |
| | ⑩ 반도체장비용 핵심부품 및 제조장비 | | ⑨ 기타 계측기기 |
| | ⑪ 기타 반도체장비 | 영상/ 음향 기기 | ① TV수상기 |
| 중전 기기 | ① 발전기/전동기 및 제어 | | ② 방송수신기 |
| | ② 전력변환기기 | | ③ 3차원 영상기기 |
| | ③ 전력용 재료 | | ④ AV재생 및 기록기기 |
| | ④ 변압기류 | | ⑤ 화상통신 |
| | ⑤ 개폐기류 | | ⑥ 카메라 및 캠코더 |
| | ⑥ 송배전 및 보호/감시장치 | | ⑦ 전광판 |
| | ⑦ 자동화제어기기 | | ⑧ 휴대용 AV기기 |
| | ⑧ 전기로 | | ⑨ 카 오디오 |
| | ⑨ 전선 | | ⑩ 방송 AV기기 |
| | ⑩ 초전도 기술/제품 | | ⑪ 건축음향 및 응용기기 |
| | ⑪ 전기용접 및 가열 | | ⑫ 스피커 |
| | ⑫ 전원장치 | | ⑬ 마이크로폰 |
| | ⑬ 에너지저장기기 | | ⑭ 기타 영상/음향기기 |
| | ⑭ 기타 중전기기 | | |

| 중분류 | 소분류 | 중분류 | 소분류 |
|---|---|---|---|
| 반도체 소자 및 시스템 | ① Si 소자 | 전지 | ① 전지재료 |
| | ② 화합물 소자 | | ② 제조 및 측정평가 장비 |
| | ③ MEMS 소자 | | ③ 응용 및 활용기술(HEV 등) |
| | ④ Sensor용 소자 | | ④ 일차전지 |
| | ⑤ 반도체 재료 | | ⑤ 이차전지 |
| | ⑥ SoC | | ⑥ 초고용량 커패시터 |
| | ⑦ 설계 Tool | | ⑦ 기타 전지 |
| | ⑧ 기타 반도체 소자 | 디스플레이 | ① LCD |
| 전기전자부품 | ① 센서 부품 | | ② PDP |
| | ② PCB 부품 | | ③ FED |
| | ③ 커패시터 부품 | | ④ OLED |
| | ④ 자성재료 부품 | | ⑤ 디스플레이 부품 및 소재 |
| | ⑤ 기록매체 부품 | | ⑥ E-Paper |
| | ⑥ 복합 부품 | | ⑦ 3D |
| | ⑦ 초고주파 발생소자 | | ⑧ 디스플레이 제조장비 |
| | ⑧ 플리즈마 발생용 부품 | | ⑨ 디스플레이 측정 및 검사장비 |
| | ⑨ 기타 전기전자부품 | | ⑩ 기타 디스플레이 |

[대분류 : 정보통신]

| 중분류 | 소분류 | 중분류 | 소분류 |
|---|---|---|---|
| 이동통신 | ① 이동통신 서비스 | 위성-전파 | ⑤ EMI/EMC |
| | ② 이동통신 시스템 | | ⑥ 전자파기기 |
| | ③ 이동통신 단말기 | | ⑦ 전자파 진단 및 방호 |
| | ④ 기타 이동통신기기 | RFID/USN | ① RFID기술 |
| 디지털방송 | ① 디지털 방송 서비스 | | ② USN기술 |
| | ② 디지털 방송 매체 | | ③ 모바일-RFID |
| | ③ 디지털 방송 콘텐츠 | | ④ 활용서비스 플랫홈 및 응용SW |
| | ④ 디지털 방송 이동방송 | | ⑤ RFID/USN서비스 |
| | ⑤ 디지털 방송 통방융합 | U-컴퓨팅 U-컴퓨팅 | ① U-컴퓨팅 플랫홈 및 응용기술 |
| | ⑥ 디지털 방송 실감방송 | | ② 서버기술 |
| | ⑦ 디지털 방송 단말 | | ③ U-컴퓨팅 기기 및 주변기기 |
| 위성-전파 | ① 위성통신 · 방송 전송 | 소프트웨어 | ① 임베디드 SW |
| | ② 위성통신 · 방송 단말 | | ② SW솔루션 |
| | ③ 위성항법 | | ③ System Integration |
| | ④ 탑제체 및 관제 | | ④ Internet SW |

| 중분류 | 소분류 | 중분류 | 소분류 |
|---|---|---|---|
| 디지털 콘텐츠 | ① 컴퓨터 그래픽 | 지식정보 보안 | ① 정보보안 |
| | ② 가상현실 | | ② 물리보안 |
| | ③ 콘텐츠 창작 기획 | | ③ 융합보안 |
| | ④ 디지털 콘텐츠 제작 및 유통 | 정보통신 모듈 및 부품 | ① 이동통신 모듈 및 부품 |
| | ⑤ 게임 및 u-러닝 | | ② 위성·방송 모듈 및 부품 |
| 홈 네트워크 | ① 홈네트워크 기기 | | ③ 광통신모듈 및 부품 |
| | ② 유·무선 홈네트워킹 기술 | | ④ 멀티미디어 모듈 및 부품 |
| | ③ 지능형 정보가전 | | ⑤ 안테나 모듈 및 부품 |
| | ④ 홈네트워크 응용 및 서비스 기술 | ITS/ 텔레매틱스 | ① ITS 단말 및 기기 |
| 광대역 통합망 | ① 서비스 및 제어 | | ② 텔레매틱스 단말 및 기기 |
| | ② 전달 망 | | ③ ITS 응용서비스 |
| | ③ 가입자 망 | | ④ 텔레매틱스 응용서비스 |

[대분류 : 화학]

| 중분류 | 소분류 | 중분류 | 소분류 |
|---|---|---|---|
| 정밀 화학 | ① 의약 중간체/원제 | 대기/ 폐기물 | ④ 환경산업 부품소재기술 |
| | ② 의약제제 | | ⑤ 기타 환경산업기술 |
| | ③ 농약 중간체/원제 | | ⑥ 기상장비산업기술 |
| | ④ 농약제제 | | ⑦ 기상서비스산업기술 |
| | ⑤ 염/안료 및 중간체 | 수질/ 토양 | ① 수질오염방지기술 |
| | ⑥ 계면활성제 | | ② 토양오염방지기술 |
| | ⑦ 윤활유 | | ③ 해양오염방지기술 |
| | ⑧ 첨가제 | | ④ 환경설비기술 |
| | ⑨ 도료/코팅제 | | ⑤ 환경산업부품·소재기술 |
| | ⑩ 접착제/실란트 | | ⑥ 기타 환경산업기술 |
| | ⑪ 유·무기재료 및 촉매 제조기술 | 섬유 재료 | ① 천연섬유 |
| | ⑫ 감광재료 | | ② 합성섬유 |
| | ⑬ 화장품/소재 | | ③ 바이오·재생 섬유 |
| | ⑭ 전자산업용 정밀화학소재 | | ④ 슈퍼섬유 |
| | ⑮ 나노응용기술 | | ⑤ 나노섬유 |
| | ⑯ 기타 합성응용제품 | | ⑥ 섬유강화 복합재료 |
| 대기/ 폐기물 | ① 폐기물처리 및 재활용기술 | | ⑦ 섬유가공제 |
| | ② 대기오염방지기술 | | ⑧ 기타 섬유재료 및 부자재 |
| | ③ 환경설비기술 | | |

| 중분류 | 소분류 | 중분류 | 소분류 |
|---|---|---|---|
| 고분자 재료 | ① 중합반응/공정기술 | 화학 제품 | ③ 천연피혁 |
| | ② 개질기술 | | ④ 고무(타이어포함) |
| | ③ 복합재료제조기술 | | ⑤ 기타 화학제품 |
| | ④ 전기 · 전자정보용 소재기술 | 섬유 제조 공정 | ① 중합 · 개질기술 |
| | ⑤ 의료용 소재기술 | | ② 제사 · 사가공기술 |
| | ⑥ 에너지 · 환경산업용 소재기술 | | ③ 제 · 편직기술 |
| | ⑦ 특수기능성 소재기술 | | ④ 부직포기술 |
| | ⑧ 고분자 재활용기술 | | ⑤ 디자인 · 봉제기술 |
| | ⑨ 고분자가공기술 | | ⑥ 염색기술 |
| | ⑩ 나노소재기술 | | ⑦ 섬유가공기술 |
| | ⑪ 기타 고분자 재료 | | ⑧ 섬유강화 복합재료 기술 |
| 화학 공정 | ① 석유화학 부산물 응용기술 | | ⑨ 기타 섬유공정기술 |
| | ② 촉매 응용기술 | | ⑩ 섬유제조설비 |
| | ③ 공정시스템기술 | 섬유 제품 | ① 의류패션제품 |
| | ④ 공정설비기술 | | ② 생활용 섬유제품 |
| | ⑤ 기초유기소재공정기술 | | ③ 산업용 섬유제품 |
| | ⑥ 기초무기소재공정기술 | | ④ 나노섬유제품 |
| | ⑦ 기타 화학공정 | | ⑤ 융합섬유제품 |
| 화학 제품 | ① 제지 | | ⑥ 기타 섬유제품 |
| | ② 인조피혁 | | ⑦ 섬유제품 관련 IT · SW |

[대분류 : 바이오 · 의료]

| 중분류 | 소분류 | 중분류 | 소분류 |
|---|---|---|---|
| 의약 바이오 | ① 단백질의약품 | 의약 바이오 | ⑭ 기타 의약바이오 제품/기술 |
| | ② 항체의약품 | | ⑮ 조직치료제 |
| | ③ 백신 | 치료 기기 및 진단 기기 | ① 중재적 치료기기 |
| | ④ 균주/효소의약품 | | ② 방사선치료기 |
| | ⑤ 바이오인공장기 | | ③ 수술용 치료기기 |
| | ⑥ 세포치료제 | | ④ 수술용 로봇 |
| | ⑦ 유전자치료제 | | ⑤ 한방용 치료기기 |
| | ⑧ 원료의약품 | | ⑥ 기타 치료기기 |
| | ⑨ 천연물의약품 | | ⑦ 임상화학 및 생물 분석기기 |
| | ⑩ 약효 및 안전성 평가기술 | | ⑧ 한방용 진단기기 |
| | ⑪ 시약/진단체 | | ⑨ 생체신호 측정/진단기기 |
| | ⑫ 바이오생체재료 | | ⑩ 분자유전진단기기 |
| | ⑬ cGMP 생산기반기술 | | ⑪ 초음파진단기기 |

| 중분류 | 소분류 | 중분류 | 소분류 |
|---|---|---|---|
| 치료 기기 및 진단 기기 | ⑫ X-ray 및 CT | 기능 복원/ 보조 및 복지 기기 | ① 신체 기능 복원기기 |
| | ⑬ MRI | | ② 임플란트 |
| | ⑭ 핵의학 및 분자 영상 진단기기 | | ③ 전자기계식 인공장기 |
| | ⑮ 지능형 판독시스템 | | ④ 생체재료 |
| | ⑯ 기타 치료 및 진단기기 | | ⑤ 의료용 소재 |
| 산업 바이오 | ① 바이오화학소재 | | ⑥ 재활훈련기기 |
| | ② 바이오플라스틱 | | ⑦ 이동지원기기 |
| | ③ 바이오화학촉매기술 | | ⑧ 생활지원기기 및 시스템 |
| | ④ 기능성 및 안전성 평가기술 | | ⑨ 인지/감각기능 지원기기 |
| | ⑤ 기능성 화장품소재 | | ⑩ 기타 기능복원/보조 및 복지기기 |
| | ⑥ 기능성 식품소재 | 의료 정보 및 시스템 | ① 한의정보 표준시스템 |
| | ⑦ 바이오환경 | | ② 원격 및 재택 의료기기 |
| | ⑧ 바이오매스 | | ③ 의료정보표준화 |
| | ⑨ 기타 산업바이오제품/기술 | | ④ U-HER(electronic health record) |
| | ⑩ 표준화 및 인증기술 | | ⑤ 병원의료정보 시스템 및 설비 |
| | ⑪ 바이오화학공정기술 | | ⑥ 기타 의료 정보 및 시스템 |
| 융합 바이오 | ① 바이오공정기술 | 그린 바이오 | ① 식물공장 활용기술 |
| | ② 바이오진단기기 | | ② 형질전환생물체 |
| | ③ 바이오분석기기 | | ③ 친환경작물보호제 |
| | ④ 기타 진단기기소재 | | ④ 미생물작물보호제 |
| | ⑤ 바이오마커 기반기술 | | ⑤ 기타 그린바이오 제품/기술 |
| | ⑥ 기타 융합바이오 제품/기술 | | |

[대분류 : 에너지 · 자원]

| 중분류 | 소분류 | 중분류 | 소분류 |
|---|---|---|---|
| 온실 가스 관리 | ① $CO_2$포집기술 | 자원 | ⑤ 광물자원-광물탐사개발 |
| | ② $CO_2$활용기술 | | ⑥ 광물자원-광물생산 |
| | ③ $CO_2$저장기술 | | ⑦ 광물자원-광물고부가가치화 |
| | ④ non-$CO_2$관리기술 | | ⑧ 광물자원-광물기타서비스 |
| | ⑤ 달리 분류되지 않은 온실가스 관리기술 | | ⑨ 자원순환-자원 대체 · 저감 |
| 자원 | ① 석유자원-유가스탐사 | | ⑩ 자원순환-금속 · 자원회수 |
| | ② 석유자원-유가스개발생산 | | ⑪ 자원순환-재제조 |
| | ③ 석유자원-유가스전운영 | | ⑫ 자원순환-기타 |
| | ④ 석유자원-유가스기타서비스 | | ⑬ 광해관리 |

| 중분류 | 소분류 | 중분류 | 소분류 |
|---|---|---|---|
| 화력 발전 | ① 고온고압화 발전기술 | 신재생 에너지 | ⑳ 연료전지-SOFC |
| | ② 석탄 청정화 발전기술 | | ㉑ 연료전지-DMFC |
| | ③ 발전 환경 청정화 기술 | | ㉒ 연료전지-기타 |
| | ④ 발전 부품소재 기술 | | ㉓ 청정연료-석탄이용기술 |
| | ⑤ 발전 계측제어 기술 | | ㉔ 청정연료-천연가스이용기술 |
| | ⑥ 가스터빈발전 기술 | | ㉕ 수열-열공급 |
| | ⑦ 발전운영 기술 | | ㉖ 수열-수열플랜트 및 기타 |
| 스마트 그리드 | ① 지능형 전력망-발전 | 원자력 | ① 설계 기술 |
| | ② 지능형 전력망-송전 | | ② 설비 제작 기술 |
| | ③ 지능형 전력망-배전 | | ③ 플랜트 건설 기술 |
| | ④ 지능형 서비스-시장 | | ④ 운영 평가 기술 |
| | ⑤ 지능형 서비스-운영 | | ⑤ 해체 기술 |
| | ⑥ 지능형 서비스-사업자 | | ⑥ 중저준위방폐물관리 기술 |
| | ⑦ 지능형 프로슈머-분산자원 | | ⑦ 고준위방폐물관리 기술 |
| | ⑧ 지능형 프로슈머-소비자 | | ⑧ 방사선관리 기술 |
| | ⑨ 지능형 프로슈머-운송 | | ⑨ 달리 분류되지 않는 원자력 기술 |
| | ⑩ 공통 기반 | 에너지 효율 향상 | ① 열-히트펌프 관련기술 |
| | ⑪ 달리 분류되지 않는 스마트그리드 기술 | | ② 열-열생산 설비 기술 |
| 신재생 에너지 | ① 수력-반동식 수차 | | ③ 열-열사용 설비기술 |
| | ② 수력-충격식 수차 | | ④ 열-열병합 관련기술 |
| | ③ 수력-기타 | | ⑤ 열-열사용 공정기술 |
| | ④ 풍력-소형 발전 | | ⑥ 열-기타 |
| | ⑤ 풍력-대형 발전 | | ⑦ 수송시스템-고효율 저공해 자동차 관련기술 |
| | ⑥ 풍력-단지제어/기타 | | ⑧ 수송시스템-전기자동차(xEV) 관련기술 |
| | ⑦ 해양-조력 | | ⑨ 수송시스템-수송인프라 관련기술 |
| | ⑧ 해양-조류 | | ⑩ 건물-부하저감형 건축기술 |
| | ⑨ 해양-파력 | | ⑪ 건물-건물용 고효율 설비 관련기술 |
| | ⑩ 해양-기타 | | ⑫ 건물-EMS 관련기술 |
| | ⑪ 지열-지중 열자원 개발 | | ⑬ 에너지 네가와트 시스템 |
| | ⑫ 지열-열공급(히트펌프 등) | | ⑭ 전기-다소비기기 |
| | ⑬ 지열-지중 열교환시스템 | | ⑮ 전기-전력변환 기술 |
| | ⑭ 지열-지열발전 플랜트 | | ⑯ 전기-대기전력 기술 |
| | ⑮ 수소-제조 | | ⑰ 전기-고효율전열 기술 |
| | ⑯ 수소-저장 | | ⑱ 전기-미래형 전기 기술 |
| | ⑰ 수소-인프라구축 | | ⑲ ESS-리튬전지 |
| | ⑱ 연료전지-PEMFC | | ⑳ ESS-레독스흐름전지 |
| | ⑲ 연료전지-MCFC | | ㉑ ESS-나트륨계전지 |

| 중분류 | 소분류 | 중분류 | 소분류 |
|---|---|---|---|
| 에너지 효율 향상 | ㉒ ESS-수퍼커패시터 | 신재생 에너지 | ⑧ 태양광-차세대태양전지 |
| | ㉓ ESS-차세대전지 | | ⑨ 태양광-화합물 |
| | ㉔ ESS-기계식 에너지 저장 | | ⑩ 태양광-기타 |
| | ㉕ ESS-열저장 | | ⑪ 바이오-바이오가스 |
| | ㉖ ESS-융복합전지기술 | | ⑫ 바이오-바이오디젤 |
| | ㉗ 가스안전-가스사고예방기술 | | ⑬ 바이오-알콜계연료 |
| | ㉘ 가스안전-가스사고피해저감기술 | | ⑭ 바이오-비알콜계연료 |
| | ㉙ 가스안전-가스안전관리시스템기술 | | ⑮ 바이오-고형연료 |
| | ㉚ 가스안전-미래 · 융합가스안전기술 | | ⑯ 바이오-기타 |
| 신재생 에너지 | ① 태양열-집열기 | | ⑰ 폐기물-고형연료 |
| | ② 태양열-축열기 | | ⑱ 폐기물-열분해 |
| | ③ 태양열-열응용기술 | | ⑲ 폐기물-가스화 |
| | ④ 태양광-결정질실리콘 | | ⑳ 폐기물-소각 |
| | ⑤ 태양광-실리콘박막 | | ㉑ 폐기물-바이오가스 |
| | ⑥ 태양광-염료감응 | | ㉒ 폐기물-기타 |
| | ⑦ 태양광-유기 | | |

[대분류 : 지식서비스]

| 중분류 | 소분류 | 중분류 | 소분류 |
|---|---|---|---|
| 경영전략/ 금융/ 무역 서비스 | ① 전자금융서비스 | 부가가치/ 사후 관리 서비스 | ① 재제조서비스/제품 · 서비스 시스템(PSS) |
| | ② 투자분석/위험관리기법 | | ② 제품-서비스 유지/운영/사후관리 |
| | ③ 기술사업화/가치평가기법 | | ③ 문화-의료-환경기반 지식표현/지능형 융합서비스기술 |
| | ④ 비즈니스모델링/프로세스관리/시뮬레이션기술 | | ④ 방송/광고/영화미디어 관련기술 |
| | ⑤ 서비스표준화/품질관리 | | ⑤ 기타 부가가치/사후관리서비스 |
| | ⑥ 서비스네트워크/협업지원 | 연구개발/ 엔지니어링 서비스 | ① 생산관리/계량분석기법 |
| | ⑦ 지식창출/유통/평가기술 | | ② 생산공정모델링/시뮬레이션 |
| | ⑧ 인사관리/법무/회계서비스 | | ③ 설계정보통합관리/협업시스템성능 향상기술 |
| | ⑨ 전자무역서비스 | | ④ 제품품질 관리기술 |
| | ⑩ 기타경영전략/금융/무역서비스기술 | | ⑤ 시험/검사/분석기법 |
| 유통/ 물류/ 마케팅 서비스 | ① 지능형기업물류지원기술 | | ⑥ 지식재산권분석/관리기술 |
| | ② 유통물류응용기술 | | |
| | ③ 시장조사/마케팅관리기술 | | |
| | ④ 소비자행동모델링/테스트기법 | | |
| | ⑤ 지능형 고객관계관리 기술 | | |
| | ⑥ 기타 유통물류/마케팅 관련기술 | | |

| 중분류 | 소분류 | 중분류 | 소분류 |
|---|---|---|---|
| 연구개발/엔지니어링 서비스 | ⑦ 첨단/친환경소재응용포장(패키징)기술 | 디자인 | ① 제품디자인기술 |
| | ⑧ 사업설비-시설물 조사/설계/예측/평가/관리기술 | | ② 시각디자인기술 |
| | | | ③ 디지털디자인기술 |
| | ⑨ 기타 연구개발/엔지니어링관련기술 | | ④ 패션 · 텍스타일디자인기술 |
| 인적 자원 역량 개발 서비스 | ① 지능형 학습지원/관리기술 | | ⑤ 산업공예 디자인기술 |
| | ② 감성시스템 및 처리기술 | | ⑥ 서비스디자인기술 |
| | ③ 인간-시스템상호작용기술 | | ⑦ 공간/환경디자인기술 |
| | ④ 뇌 인지기반 인간수행능력향상 기술 | | ⑧ 포장디자인기술 |
| | ⑤ 기타 인적자원역량개발서비스 | | ⑨ UI/UX디자인기술 |
| | | | ⑩ 디자인기반(디자인인프라)기술 |
| | | | ⑪ 기타 디자인기술 |

[대분류 : 세라믹]

| 중분류 | 소분류 | 중분류 | 소분류 |
|---|---|---|---|
| 광전자 소재 | ① 유전체 소재 | 바이오 소재 | ④ 기능성 화장품 소재기술 |
| | ② 압전체 소재 | | ⑤ 기타 바이오소재 |
| | ③ 반도성 세라믹 | 나노 · 융복합 소재 | ① 저차원나노소재 |
| | ④ 자성 소재 | | ② 나노하이브리드소재 |
| | ⑤ 광/단결정 소재 | | ③ 나노잉크소재 |
| | ⑥ 초전도 소재 | | ④ 탄소복합재료 |
| | ⑦ 절연 소재 | | ⑤ 세라믹섬유 |
| | ⑧ 센서 소재 | | ⑥ 기타 나노 · 융복합소재 |
| | ⑨ 기타 광전자 소재 | 생활 세라믹 | ① 도자기 · 타일 · 벽돌 |
| 에너지 · 환경 소재 | ① 에너지저장 소재 | | ② 내화물 · 단열재 · 법랑 |
| | ② 에너지변환 소재 | | ③ 시멘트 · 콘크리트 |
| | ③ 분리기능 소재 | | ④ 유리 · 유리가공 |
| | ④ 유해성분 제거 기능소재 | | ⑤ 연마 · 연삭제 |
| | ⑤ 재활용기능성 소재 | | ⑥ 기타 생활세라믹 |
| | ⑥ 기타 에너지 · 환경 소재 | 세라믹 공정 기술 | ① 분체 및 원료합성기술 |
| 기계 · 구조 소재 | ① 내열 소재 | | ② 성형 · 가공기술 |
| | ② 구조 소재 | | ③ 소성기술 |
| | ③ 극한환경 소재 | | ④ 부품 및 패키징기술 |
| | ④ 기계 가공성 소재 | | ⑤ 박막 및 코팅기술 |
| | ⑤ 기타 기계 · 구조 소재 | | ⑥ 평가기술 |
| 바이오 소재 | ① 조직재생 소재 | | ⑦ 기타 세라믹공정기술 |
| | ② 체외진단 소재 | | |
| | ③ 바이오매스분리 공정소재 | | |

## "자세히 보면 여러분들이 맡을 일자리가 너무 많아요."

여기에, 차세대 신기술 연구로, 정부의 지원을 받는 세부 사업별로 대학을 지정, 선정된 명단으로, 학생들의 진로에 참고가 될 수 있는 정보이다.

**표 1-9** 사업별 대학 선정 명단(2022년)

| 순번 | 세부 지원분야 | 대학명(가나 순) | 담당 부처 |
|---|---|---|---|
| 1 | 미래형자동차 (15개) | 가천대학교, 경남대학교, 경성대학교, 경일대학교, 단국대학교, 부산대학교, 서울대학교, 성균관대학교, 원광대학교, 인천대학교, 전북대학교, 청주대학교, 한국공학대학교, 한양대학교, 호서대학교 | 교육부 산자부 |
| 2 | 자원개발 (5교) | 부경대학교, 세종대학교, 연세대학교, 한국해양대학교, 한양대학교 | |
| 3 | 수소연료전지 (3교) | 서울과학기술대학교, 아주대학교, 중앙대학교 | |
| 4 | 온실가스감축 (10교) | 건국대학교, 동아대학교, 아주대학교, 연세대학교, 인하대학교, 전남대학교, 전북대학교, 한국공학대학교, 한국해양대학교, 한양대학교 | |
| 5 | 2차전지 (3교) | 가천대학교, 부산대학교, 인하대학교 | |
| 6 | 시스템반도체 (30개) | 가천대학교, 강남대학교, 경희대학교, 광원대학교, 국민대학교, 금오공과대학교, 단국대학교, 대구대학교, 동국대학교, 명지대학교, 부경대학교, 부산대학교, 삼육대학교, 선문대학교, 성균관대학교, 숭실대학교, 아주대학교, 연세대학교, 이하여자대학교, 인제대학교, 인하대학교, 전북대학교, 중앙대학교, 청주대학교, 충남대학교, 한국공학대학교, 한양대학교, 한양대학교(5RCA), 호서대학교, 홍익대학교 | |
| 7 | 바이오헬스 (5교) | 가천대학교, 국민대학교, 부산대학교, 성균관대학교, 우석대학교 | |
| 8 | AI반도체 (3교) | 서울대학교, 성균관대학교, 숭실대학교 | 교육부 과기부 |

| 순번 | 세부 지원분야 | 대학명(가나 순) | 담당 부처 |
|---|---|---|---|
| 9 | 의료인공지능<br>(5교) | 부산대학교, 서울대학교, 성균관대학교, 아주대학교, 한림대학교 | 교육부<br>복지부 |
| 10 | 디지털물산업<br>(3교) | 국민대학교, 연세대학교, 충남대학교 | 교육부<br>환경부 |
| 11 | 그린리모델링<br>(2교) | 경북대학교, 성균관대학교 | 교육부<br>국토부 |
| 12 | 공간정보<br>(8교) | 경북대학교, 경희대학교, 남서울대학교, 서울시립대학교, 안양대학교, 인하대학교, 전북대학교, 청주대학교 | |
| 13 | 정보보안<br>(1교) | 서울여자대학교 | 교육부<br>개인정보위 |
| 14 | 지식재산<br>(50개 학과 32교) | 경북대학교, 경상국립대학교, 경희대학교, 고려대학교, 광운대학교, 국민대학교, 군산대학교, 단국대학교, 대진대학교, 동국대학교, 동덕여자대학교, 동아대학교, 동의대학교, 삼육대학교, 서경대학교, 서울과학기술대학교, 서울대학교, 숙명여자대학교, 신한대학교, 아주대학교, 안양대학교, 영남대학교, 인제대학교, 인하대학교, 제주대학교, 중앙대학교, 청주대학교, 충남대학교, 포항공과대학교, 한남대학교, 한라대학교, 한서대학교 | 교육부<br>특허청 |

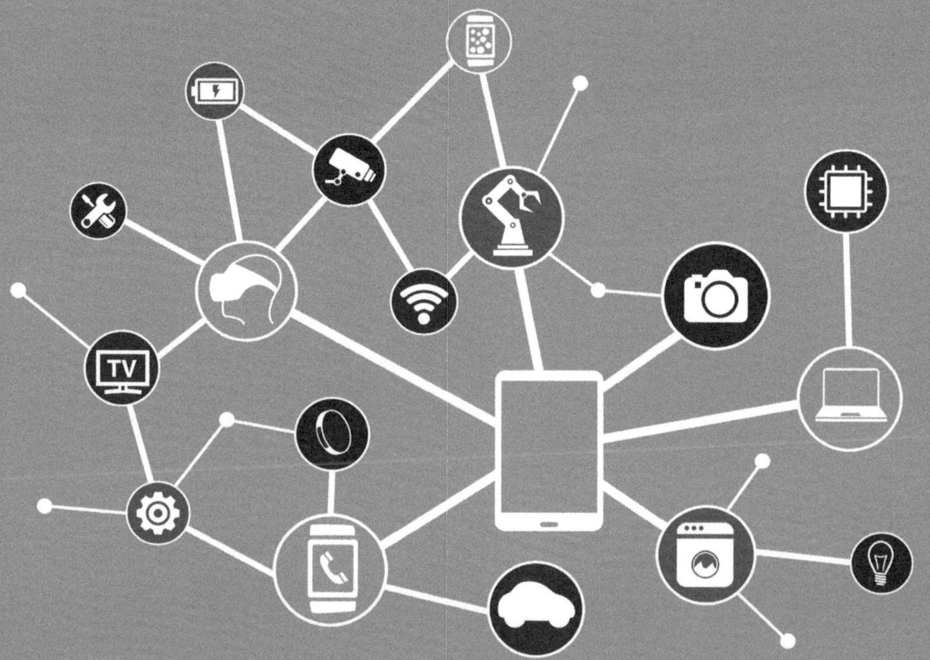

제2장

# 첨단기술의 요소별 개요와 전망

## 제01절 각광받는 반도체의 미래 예측

### 01 반도체 산업의 이해

과거 반도체는 물질의 개념으로 전기적 특성을 가지는 도체 및 절연체의 중간 정도 성질을 지닌 것으로 불순물이 인위적으로 첨가되거나, 열, 빛 등의 외부 자극이 있을 경우 반도체의 특성이 변하며 전기를 흐르게 하는 물질로 이해된다.

현대 사회의 반도체 개념은 단순히 물질의 개념 혹은 단위 소재의 기반 물질의 개념을 넘어서, 나노 공정 등의 정밀 소자 제조, 에너지 부분의 고효율 소자, 혹은 스마트 전자기기의 핵실 기술 등으로 언급되는 추세이다.

### 02 반도체 산업 생태계

반도체 생태계는 반도체 설계, 제조 등을 직접 수행하는 기업과 반도체 제조를 위한 장비 또는 소재를 공급 기업 등으로 이루어져 있다.

반도체소자의 설계 · 제조 산업은 소자의 용도에 따라 데이터 저장에 특화된 "메모리 반도체"와 연산 · 제어 등 정보처리 기능을 갖는 "시스템 반도체"로 구분됨

**메모리 반도체**는 대부분 일괄공정을 수행하는 종합반도체 기업이며, 패키징 및 테스트 등 후 공정 일부를 외주 처리하기도 한다. 시스템 반도체도 종합 반도체 기업들이 있으나, 다품종 소량생산의 특성으로, 설계와 파운드리(위탁생산) 전문기업 등으로 분화되었다.

**그림 2-1** 반도체 산업 생태계(출처 : 반도체산업협회 등)

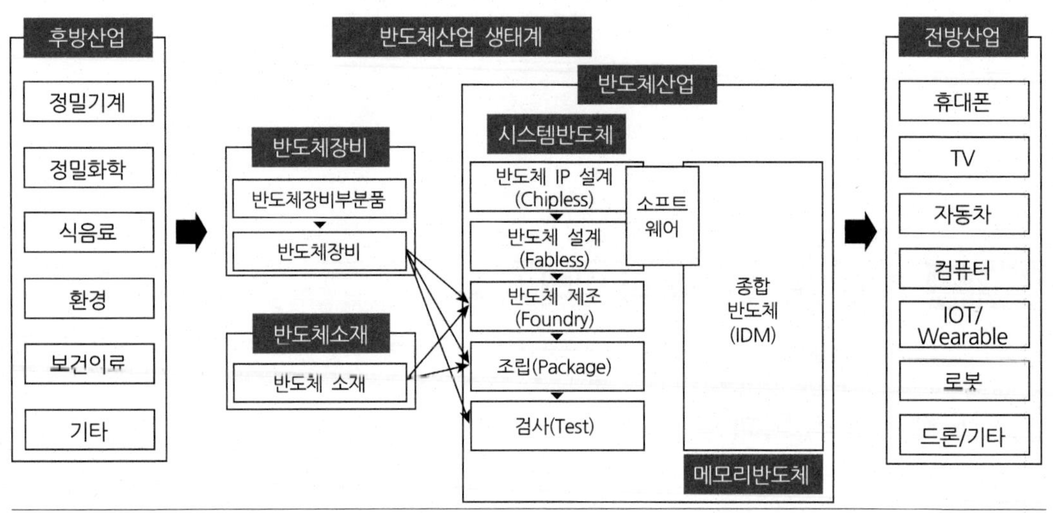


반도체 산업 내에는 초기 대부분 일괄로 공정을 수행하는 종합반도체 기업들이 설립되었으나, 점차 분야별 분업화되어 팹리스, 파운드리, 패키징·테스트, 칩리스 등이 등장하였다.

## 03 반도체 산업 시장동향

기존 산업에 대한 ICT 접목에 따른 디지털 전환에 따라 반도체 수요는 다변화하는 추세로, 초연결·초지능 기술 확산에 따른 수요가 증가하면서 수퍼사이클이 전망되고 있다.

우리나라 메모리 반도체 분야는 반도체 세계시장 점유율이 21% 수준으로 강국의 입지를 확보하였으나, 시스템 반도체 분야에서의 시장 점유율은 2.9%에 불과하여 미국, 유럽 등 주요국 대비 열세로 나타나고 있다.

국내 반도체 산업은 대규모 IDM(삼성전자, SK하이닉스)을 중심으로 소재, 장비, 설계, 패키징 등 중/소 협력업체가 공존하는 대기업 초집중형 구조가 확립되어 있어 다품종, 고

집적 소자생산이 필요한 시스템 반도체 분야는 여러 형태의 기업이 상생하는 산업 생태계가 필요한 실정이다.

## 04 시스템 반도체란

시스템 반도체는 반도체소자의 일종으로 반도체소자는 반도체를 소재로 하여 만든 회로소자를 뜻하며, 데이터 저장이 주 목적인 메모리 반도체와 달리 디지털화된 데이터를 연산하거나 제어, 변환, 가공 등의 처리 기능을 수행하는 반도체소자를 말한다.

국내에서는 정보를 저장하고 읽어내는 메모리 반도체와 구별된다는 점에서 시스템 반도체를 비메모리 반도체로 분류하며, 메모리 반도체가 아닌 반도체는 모두 시스템 반도체라 통칭하며, 반면, 해외에서는 논리적인 연산을 수행하는 반도체칩이란 뜻에서 로직칩(Logic Chip)이라고 함.

시스템 반도체는 비메모리 반도체 가운데 개별소자, 광학소자, 센서, 구동소자 등을 제외한 집적회로(Integrated Circuit, 이하 IC), 마이크로 컴포넌트(Micro Component) 등을 의미하며, 최근에는 다양한 기능을 집약해 단일 칩으로 만든 SoC가 광범위하게 사용되고 있다.

시스템 반도체는 장치 종류(기능별)에 따라 IC, 마이크로 컴포넌트, SoC 등으로 분류된다. IC는 특정 기능을 수행하는 전기회로 구성을 위해 반도체 소자를 하나의 칩에 구현한 것으로 동작 신호에 따라 로직 IC와 아날로그 IC로 구분된다. 로직 IC(Logic IC, NOT · OR · AND 등 논리회로로 구성된 반도체)는 컴퓨터가 인식할 수 있는 디지털 신호에 대해 연산, 기억, 전송, 변환 등의 기능을 수행하며, 모바일 통신기기에서 연산, 제어 기능을 담당하는 AP가 대표적인 로직 IC이다.

아날로그 IC는 빛, 소리 등의 각종 아날로그 신호를 디지털 신호로 바꿔주거나 관리하는 역할을 하며, 디지털 기기의 입출력 인터페이스, 전력관리, 신호감지 및 증폭 등에 사용된다. 최근에는 소형화, 저소비 전력화, 고속화를 실현하고 신뢰성의 고도화를 위해 집적도가 높은 IC를 개발하게 되었고, 이러한 고밀도 집접회로를 LSI(Large Scale Integration)라고 통칭한다.

LSI는 설계 · 제조 등의 기술도 IC보다 훨씬 높으며, 집적도는 칩 1개당 논리회로를 1백~1만개, 기억용량으로 64킬로바이트 정도로 소자가 1천개 넘는 IC이다. 마이크로 컴포넌트는 시스템을 제어하기 위한 부품으로 MPU(Micro Processor Unit, 이하 MPU), MCU (Micro Controller Unit, 이하 MCU), DSP(Digital Signal Processor, 디지털 신호처리 프로세서, 이하 DSP) 등으로 구분된다. MPU는 컴퓨터의 중앙처리장치인 CPU가 대표적이며 기억, 연산, 제어 등을 수행한다. MCU는 특정 시스템을 제어하는 용도로 사용되는 MPU로, 주기억장치와 입출력 장치가 내장되어 있으며, 대부분의 전자제품에서 활용되고 있다.

DSP는 아날로그 신호를 디지털 신호로 바꿔 고속 처리할 수 있도록 하는 연산 중심의 IC를 말하며, 복잡한 신호처리를 요구하는 멀티미디어기기, 디지털 통신기기 등에서 활용되고 있다. SoC는 하나의 칩에 여러 시스템(IC)을 집적시킨 단일 칩 시스템 반도체로, 연산 기능과 데이터의 저장 및 기억, 아날로그와 디지털 신호 변화 등을 칩 하나로 해결할 수 있으며, 시스템 복잡도가 증가하면서 대부분의 시스템 반도체가 SoC 형태로 제작되고 있다. AP, PMIC(Power Management IC, 이하 PMIC), 자동차 ECU 등이 대표적인 SoC이다.

또한, 시스템 반도체는 범용성 또는 납품 구조에 따라 범용반도체(Generalpurpose IC)와 ASIC(Application Specific IC, 이하 ASIC)/ASSP(Application Specific Standard Product, 이하 ASSP)로 분류된다. 범용반도체는 다양한 기기에서 사용되는 반도체를 말한다. 메모리는 컴퓨터, 디지털카메라, 전기밥솥, 자동판매기 등 다양한 곳에 사용되고, MCU나 DSP같은 반도체 칩도 그것을 구동시키는 펌웨어를 교체할 시 냉장고, 자동판매기, MP3플레이어, 전기밥솥, 디지털카메라 등에 사용될 수 있다.

이러한 다양한 기기에서 사용할 수 있는 반도체를 **범용반도체**라 한다. ASIC는 특정 응용분야 및 기기의 특수한 기능 하나 하나에 맞춰 만들어진 IC로, 특정한 제품만을 위해 사용되게 반도체 생산 업체가 주문에 맞춰 생산하는 반도체이다. 즉, ASIC는 특정 기기를 위해 필요한 기능만 수행하도록 설계 및 제작되며, 이는 가전, 휴대폰, 자동차 등 각 분야별로 필요한 기능이 다르고 그에 따라 다른 칩이 필요하기 때문이다. 이로 인해, ASIC의 경우 타 업체에서 해당 반도체를 사용할 수 없으며, 애플의 'A' 시리즈와 삼성전자의 '엑시노스' 등이 대표적인 ASIC이다.

ASSP는 특정 용도의 전용 표준품 IC로, 반도체 업체가 각 응용제품에 특화시켜 개발하여 다수의 사용자를 대상으로 판매하는 반도체이며, 통신용 IC나 복사기, 프린터 등 각종 전자기기의 컨트롤러가 포함된다. 즉, ASSP는 설계 의뢰자가 판매를 목적으로 ASIC을 표준화하여 여러 시스템 업체에 공급하는 IC이며, 퀄컴의 '스냅드래곤(SnapDragon)'이 대표적이다.

## 05 시스템 반도체 전망

**차세대 반도체 산업**은 IT융합 제품(스마트 자동차, 사물인터넷, 착용형 스마트 디바이스 등)에서 연산, 제어, 전송, 변환, 저장 기능 등 지능형 서비스를 수행하는 차세대 전자소자 · 공정의 소재 · 부품 · 장비 · 설계기술 관련 고부가가치 산업을 말한다. 한편, 지능형 서비스는 IT기술을 기반으로 제품의 자율성, 기능성을 개선하여 인간 삶의 질, 사회 안전성 등을 향상시키는 고부가 서비스(**스마트자동차의 자율주행 기능** 등)이다.

**그림 2-2** 4차 산업시대의 반도체의 발전 추이

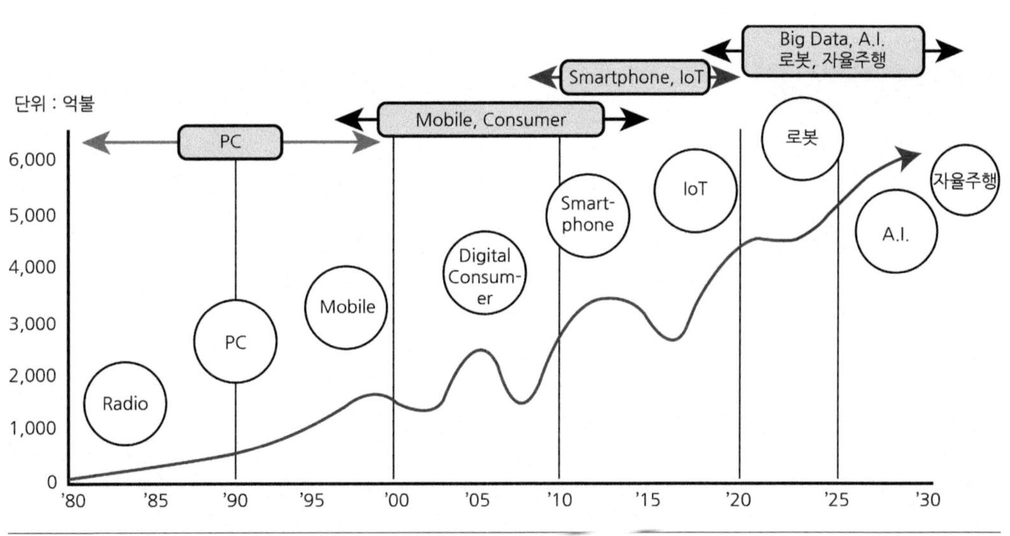


시스템 반도체는 연산, 제어, 전송, 변환을 수행하는 전자소자로, 컴퓨터의 CPU(Central Processing Unit, 중앙처리장치, 이하 CPU), 스마트폰의 AP(Application Processor, 이하 AP) 등이 대표적인 시스템 반도체이며, 가전제품, 통신장비, 산업장비 등 대부분의 전자기기에서 중추적인 역할을 담당하는 핵심 부품이다. 시스템 반도체는 전기전자시스템의 신호 · 정보 · 에너지 프로세싱(연산/제어/전송/변환 등) 기능을 단일 칩에 통합한 통합 SoC (System on a Chip, 이하 SoC)로 발전함으로써 경제성, 편의성, 생산성을 극대화하는 '**다기능 융복합 반도체**'로 진화하고 있다. 다기능 융복합 반도체는 다양한 기능을 가지는 시스템을 하나의 반도체에 집적하고, 소프트웨어와 융합하여 시스템의 고성능화, 소형화, 저전력

화 및 스마트화를 주도하는 기술이다. 시스템 반도체는 IT 분야는 물론, 자동차 · 에너지 · 의료 · 환경 등 다양한 분야와 융합이 진행 중이며, 특히, AI(인공지능) · IoT(사물인터넷) · 자율주행차 등으로 대표되는 4차 산업시대에서 핵심 부품으로 향후 지속적 성장이 전망된다.

한편, 우리나라가 반도체산업에서 약간 앞서는 나가지만, 미비한 분야인 소재, 제조장비, 설계, 패킹과 테스트 등의 열세를 가지고 있다.

세계 반도체시장의 규모는 2020년을 기준으로 글로벌 반도체 시장은 4,926억 달러이며, 미국이 50.8%를 점유하며, 한국은 2013년 이후 2위를 지속 점유하고 있다(2020년 18.4%).

**그림 2-3** 세계 반도체시장의 Device별 시장규모

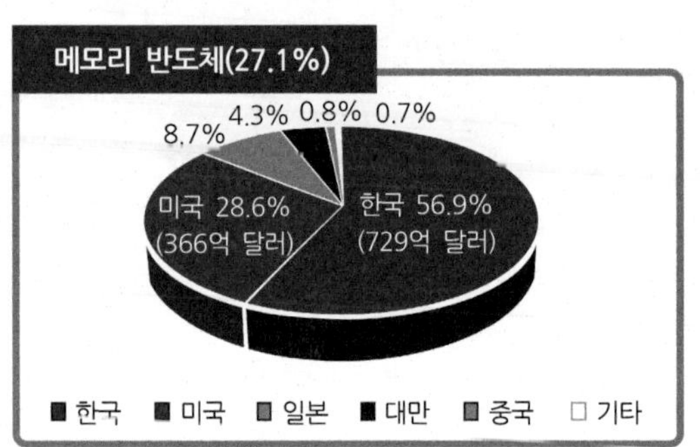


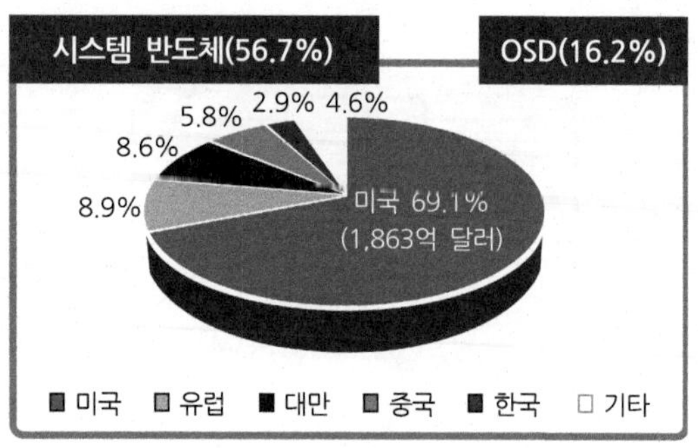


메모리 반도체 / 시스템 반도체 — ②소재 ③부품 장비 — ① 종합반도체회사 (IDM : Integrated Device Manufacturer)

④ IP 기업 → ⑤ 팹리스 (Fabless) → ⑥ 디자인 하우스 → ⑦ 파운드리 (Foundry) → ⑧ 패키징 & 테스트

**표 2-1** 한국 반도체산업의 현황과 문제점

| 구 분 | 비중 및 경쟁력 | 대표 기업들 |
|---|---|---|
| ① 메모리반도체 (IDM) | • 한국 반도체 매출의 83%, 수출의 65% 차지<br>• 세계 시장점유율 58%(D램 72%, 랜드 46%)로 1위 | • 삼성전자(세계 1위, 38%), SK하이닉스(세계 2위, 20%) |
| ② 소재 (반도체 재료) | • 전세계 반도체 소재의 약 17%를 한국에서 구입<br>• 원천기술 부족으로 EUV용 및 고순도 소재 경쟁력이 취약함 | • SK머트리얼즈('19 매출 4,546억 원)<br>• 원익머트리얼즈('19 매출 2,218억 원) |

| 구 분 | 비중 및 경쟁력 | 대표 기업들 |
|---|---|---|
| ③ 장비<br>(양산용 설비) | • 전세계 반도체 장비의 약 20%를 한국에서 구입<br>• 우리기업의 세계시장 점유율은 2~3% 수준에 불과 | • 세메스(세계 16위, 0.75),<br>원익IPS(세계 18위, 0.5%) |
| ④ IP기업<br>(설계자산 전문) | • Arm(英/日), Synopsys(美) 등 소수 업체가 시장을 장악중이며, 국내 경쟁 력이 낮다 | • 칩스앤미디어('19 매출 161억 원) |
| ⑤ 팹리스(Fabiess)<br>(소자설계, 판매) | • 한국 반도체 매출의 약 2%에 불과<br>• 세계 시장점유율 1.6% 수준으로 경쟁력 취약 | • LX세미콘(세계 20위, 0.8%)<br>• 실리콘마이터스(세계 64위, 0.2% |
| ⑥ 디자인하우스<br>(상세설계 부문) | • 파운드리 산업과 밀접하여 GUC, Faraday 등 대만의 디자인하우스가 사업을 영위 중, 국내경쟁력 부족 | • 에이디테크놀로지('19 매출 2,258억 원)<br>• 알파홀딩스('19 매출 701억 원) |
| ⑦ 파운드리<br>(생산 담당) | • 세계 최고의 수준의 초미세공정(3nm)과 최근 수요가 많은 8인치 기반의 생산공정을 보유 | • 삼성전자(세계 2위, 17%)<br>DB하이텍(세계 10위, 1%) |
| ⑧ 패키징 & Test<br>(포장, 공급) | • 한국기업의 세계 시장점유율은 4% 수준 불과<br>• 해외 기업 국내 생산 공장 보유<br>(ASE, 앰코, 스테츠칩팩) | • SFA(세계 12위, 17%)<br>하나마이크론(13위, 1.4%) |

자료 : KASIA발표자료/5월. 2022.

## 06 한국 반도체의 전략

① **목표**로는, 기업투자 지원으로, 5년간 340조 원 이상 투자를 달성하여, **인력양성**을 10년간 15만 명을 육성해야 하며, 시스템 빈도체 선노 기술력 확보로 시장 점유율을 10% 이상으로 하고, 견고한 **소부장**(소재, 해당 부품, 제조장비)생태계를 구축하여, 30년까지 자립화를 50%를 달성해야 한다.

② **핵심적인 내용**에서는, 4대 인프라 지원으로, 현장 인력양성, 한국형 SRC R&D 3,500억 원(10년간)과, 한국형 IMEC운영협력과, 소부장 계약학과 공동운영이 있고, 30년까지 시스템 반도체 2.2조 원의 R&D지원과, 3,000억 원 규모 소부장 Fabless용 민간 펀드를 조성하는데, 평택 · 용인지역에 반도체단지를 구축하는 국비지원과 제도를 개선한다는 것이다.

③ **특징**으로는, 양대 소자업체 투자 인프라 구축과, 인력양성 지원 및 감세와, 시스템 반도체 소부장 R&D 지원으로, 취약한 국내 장비산업을 지원하고, Fabless가 필요한

Foundry OSAT 등 인프라 지원을 하여, 한국의 반도체산업을 육성시킨다는 것이다.

**차세대 반도체**로, 다양한 용도에 따라 개발해야 할 것들이 많다.

① 차세대 메모리/스토리지 기술 개발
② 엣지컴퓨팅 반도체
③ 실감영상 환경을 위한 인터렉티브 영상처리 및 인지 반도체
④ 스마트 센서
⑤ 자율주행차 및 전기자동차용 반도체
⑥ 지능형 로봇/드론 반도체
⑦ 사용자 맞춤형 IoT 반도체
⑧ 바이오 · 헬스케어 생체진단 반도체
⑨ 스마트 에너지관리 반도체
⑩ 100Å급 이하 초미세패턴 식각공정장비
⑪ 초미세박막 증착공정장비
⑫ 초미세 및 3D 패턴용 반도체 C&C 공정장비
⑬ 초미세 소자용 MI 공정 장비
⑭ Advanced packaging 공정 및 장비기술
⑮ 반도체 장비용 스마트 부품
⑯ EUV용 공정 소재
⑰ 3D 및 초미세 패턴용 반도체 웨이퍼 및 전 공정(증착, 식각, CMP)용 소재
⑱ Advanced Packaging용 소재

등이 있다.

# 제02절 빅데이터의 관리와 클라우드컴퓨팅

## 01 빅데이터의 의미

빅데이터는 기존에 처리하던 데이터보다 더 많은 대규모 데이터를 의미한다.

빅데이터시대

온라인에서 매분마다 일어나는 일
https://img1.daumcdn.net/thumb/R1280x0/?scode=mtistory2&fname=https%3A%2F%2Fblog.kakaocdn.net%2Fdn%2FwxwCI%2FbtqKYlq7omd%2FE8ddKXU2frzx7DcK41mwTK%2Fimg.png

1분 안에 인터넷에서 발생하는 12가지 활동

① 188백만 개의 이메일
② 4,160만 WhatsApp 및 Facebook 메시지
③ 450만 YouTube 동영상 조회수
④ 380만 건의 Google 검색
⑤ 110만 스냅
⑥ 140만 틴더스와이프
⑦ 백만 Facebook 로그인
⑧ 백만 Twitch 뷰
⑨ $996,444 상당의 온라인 구매
⑩ 87,500 트윗
⑪ 390,030개의 앱 다운로드
⑫ 694,444시간 분량의 Netflix 스트리밍

출처 : https://lanera-austral.com/ko/featured/340-this-is-what-happens-on-the-internet-in-one-minute.html

데이터 관리는 데이터를 가치있는 리소스로 관리하는 것과 관련된 모든 분야, 데이터 과학은 데이터를 수집하고 가공하여 데이터에서 의미를 찾는 다양한 방법, 데이터 분석은 유용한 정보를 발굴하고 결론 내용을 알리며 의사결정을 지원하는 것을 목표로 데이터를 정리, 변환, 모델링하는 과정이다(출처 : 위키백과).

## 02 빅데이터의 정의

통상적으로 사용되는 데이터수집, 관리, 처리 소프트웨어의 수용 한계를 넘어서는 크기의 데이터(Wikipedia), 대용량 데이터를 활용, 분석하여 가치 있는 정보를 추출하고 생성된 지식을 바탕으로 능동적 대응, 변화를 예측하기 위한 정보화 기술(국가전략위원회), 기존의 관리 및 분석 체계로는 감당할 수 없을 정도의 거대한 데이터의 집합으로 대규모 데이터와 관계된 수집, 저장, 검색, 공유, 분석, 시각화 등을 포함하는 개념이다(삼성경제연구소). 빅데이터의 사이즈는 그 크기가 끊임없이 변화하는 것이 특징이다.

## 03 빅데이터의 특징

① 크기(Volume) : 물리적 장치에 저장되는 데이터의 양
② 다양성(Variety) : 다양한 형태의 데이터를 포함하는 것
③ 속도(Velocity) : 데이터의 실시간 처리를 보장할 수 있어야 한다는 것
④ 복잡성(Complexity) : 데이터 관리 및 처리의 복잡성, 새로운 기법 요구
⑤ 가변성(Variability) : 데이터는 상황에 따라 다른 의미를 가질 수 있음. 데이터의 맥락에 따라 의미가 달라지는 것
⑥ 신뢰싱(Veracity) : 데이터가 얼마나 가치 있고 유용한지를 나타내는 것으로, 빅데이터를 분석하는데 있어 기업이나 기관에서 수집한 데이터의 정확성을 살펴보는 것
⑦ 가치(Value) : 비즈니스에 활용되어 가치를 이끌어 낼 수 있어야 그 의미가 있음
⑧ 타당성(Validity) : 데이터의 정확성을 의미
⑨ 시각화(Visualization)
⑩ 휘발성(Volatility) : 데이터를 얼마나 오래 저장하고 사용할 수 있는지에 관한 것

## 04 빅데이터의 유형과 분석

빅데이터에는 정형 데이터, 비정형 데이터, 반정형 데이터가 있으며, 빅데이터의 분석기법은 다음과 같다.

① 기계학습 : 인공지능 분야에서 인간의 학습을 모델링한 방법으로 의사결정트리 등 다양한 기법이 있다.
② 텍스트마이닝 : 자연어 처리 기술을 이용해 인간의 언어로 쓰인 비정형 텍스트에서 유용한 정보를 추출하거나 다른 데이터와의 연관성 파악
③ 웹 마이닝 : 인터넷을 통해 수집한 정보를 데이터 마이닝으로 분석
④ 오피니언마이닝 : 온라인의 다양한 뉴스와 소셜미디어코멘트 또는 사용자가 만든 콘텐츠에서 표현된 의견을 추출, 분류, 이해하는 응용 분야
⑤ 소셜네트워크 분석 : 소셜네트워크 서비스에서 네트워크 연결 구조와 강도를 분석
⑥ 감성분석 : 고객의 감성트랜드를 시계열로 분석, 문장의 의미를 파악하여 글의 내용

에 긍정 또는 부정 좋음, 나쁨을 분류

국내외 빅데이터 분석 사이트

- 구글 트렌드 - 인기검색어, 실시간 검색어
- 네이버 데이터랩 - 검색 트렌드 제공
- 카카오데이터 트렌드 - 트렌드 분석
- 에스트리 - 실시간 트렌드 분석
- 썸트렌드 - SNS, 감성분석
- 빅카인드 - 뉴스를 분석해서 트렌드를 알려준다.

## 05 빅데이터와 인공지능

### (1) 빅데이터와 인공지능의 관계

① 인공지능 기술을 이용한 데이터 분석
② 학습 데이터 확보
③ 빅데이터와 결합 대량의 데이터 학습
④ 이를 바탕으로, 의사결정을 위한 인사이트 및 미래예측
⑤ 학습 가능한 데이터로 가공 : 애노테이션(annotation)
⑥ 빅데이터의 신뢰성, 정확성과 인공지능의 분석력, 예측력 융합

### (2) 빅데이터와 인공지능의 융합

① 인공지능은 사람이 생각하고 판단하는 구조를 구축하려는 노력
② 머신러닝 : 알고리즘을 이용해 데이터를 분석하고 학습한 내용을 판단, 예측한다. 인간의 학습 능력과 같은 기능을 축적된 데이터를 활용하여 실현하고자 하는 기술 및 방법이다.

예 특정 질병에 걸린 환자들의 체온과 건강한 사람들의 체온 데이터 컴퓨터에 학습시킨 후 체온을 제시했을 때 그 체온을 가진 사람이 특정 질병에 걸렸는지 여부를 판독

③ 딥러닝 : 컴퓨터가 많은 데이터를 이용해 사람처럼 스스로 학습할 수 있도록 인공신

경망 등의 기술을 이용한 기법으로 딥러닝은 완전한 머신러닝을 구현하는 기술이다.

예 머신러닝은 개와 고양이를 분류할 때는 귀, 입, 수염 등의 중요 데이터를 학습한 결과를 기준으로 판단하지만, 딥러닝은 개와 고양이 이미지 자체를 컴퓨터가 통째로 스스로 학습하도록 하고, 그 결과를 기준으로 판단하도록 한다. 딥러닝은 인공신경망(Artificial Neural Network) 구조를 사용해 학습한다.

## 06 빅데이터 분석 알고리즘

### (1) 빅데이터 분석 알고리즘

① 통계기반 분석 알고리즘

② 머신러닝기반 알고리즘

③ 네트워크 분석 알고리즘

### (2) 머신러닝 알고리즘

① 지도학습

- 분류분석(KNN, 의사결정나무, 포레스트, 앙상블 학습)
- 회귀분석(선형회귀, 로지스틱회귀)
- 인공신경망(CNN, RNN)

② 비지도학습

- 군집화(퍼지 클러스터링, 솜)
- 차원 축소(PCA, ICA)
- 강화학습(몬테카를로방법, 시간차이 학습법)

## 07 빅데이터 분석의 이해

### (1) 빅데이터 분석기획

기획은 무엇을 왜 해야 하는지 명확히 하는 것이다. 빅데이터 분석을 통해 원하는 성과를 얻기 위해서는 어떤 분석을 어떻게 수행하고 왜 분석해야 하는지 명확히 결정하는 분석

기획 과정이 중요하다.

### (2) 데이터 분석 과정

데이터 분석은 앞으로 일어난 상황을 예측하고 근거자료를 준비하는 과정으로 분석가가 데이터분석 방법을 결정한다.

데이터 분석설계 → 데이터 준비 → 데이터 가공 → 데이터 분석 → 결론(시각화)

#### 1) 1단계 – 데이터 분석설계

① 주제 선정 : 명확하고 구체적으로 주제 설정

- 키에 영향을 미치는 요인

② 가설 : 주제와 연관된 다양한 가설 설정

- 성별에 따라 자녀의 키가 다를 것이다.
- 부모의 키가 클수록 자녀의 키가 클 것이다.
- 운동량이 많을수록 키가 클 것이다.
- 칼슘섭취 기간이 길수록 키가 클 것이다.

③ 변수 : 가설 설정에 따른 분석 가능 변수 설정

- 독립(분석)변수 : 성별, 운동량, 칼슘섭취 여부, 칼슘섭취 기간
- 종속변수 : 자녀의 키

④ 분석 : 분석 내용(항목)

#### 2) 2단계 – 데이터 준비하기

① 직접 생성

- 실험결과, 설문조사

② 기존 데이터 활용

- 사내 데이터, 연구데이터, 엑셀, TXT, CSV - 내부 데이터, 웹크롤링, 공공데이터, 민간데이터 - 외부 데이터

- 내부 데이터와 외부 데이터 결합 – 편의점 판매 데이터와 날씨 데이터(기상청)
- www.data.go.kr(공공데이터 포털) : 국민건강보험공단, 국토교통부, 경찰청 등
- data.seoul.go.kr(서울시 열린 데이터 광장), mdis.kostat.go.kr(통계청), kaggle.com(케글), bigdatahub.co.kr(skt빅데이터 허브), datalab.naver.com(네이버 데이터 랩)

③ 데이터 형태

- **범주형** : 종류를 나타내는 데이터. 나라 이름, 과일, 도서, ….
- **수치형** : 숫자

④ 데이터의 생김새

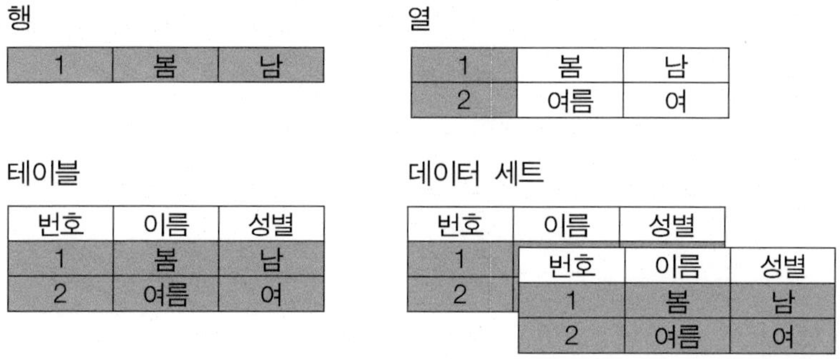

행

| 1 | 봄 | 남 |
|---|---|---|

열

| 1 | 봄 | 남 |
|---|---|---|
| 2 | 여름 | 여 |

테이블

| 번호 | 이름 | 성별 |
|---|---|---|
| 1 | 봄 | 남 |
| 2 | 여름 | 여 |

데이터 세트

| 번호 | 이름 | 성별 |
|---|---|---|
| 1 | | |
| 2 | | |

| 번호 | 이름 | 성별 |
|---|---|---|
| 1 | 봄 | 남 |
| 2 | 여름 | 여 |

- 벡터, 행렬, 배열, 리스트, 데이터프레임
- **데이터 유형** : 숫자형, 문자형, 논리형(TRUE, FALSE), 단일형, 다중형
- **벡터** : 변수명에 값을 할당하여 만들고, 변수명 ← C(값), 숫자형, 실수형, 정수형 벡터

### 3) 3단계 – 데이터 가공

원시데이터(ROW)를 원하는 형태로 처리하는 과정으로 가설을 검증하기 위한 데이터로 가공(데이터 제거, 추출, 생성, 병합)한다.

### 4) 4단계 – 데이터 분석하기

① 확증적 데이터 분석

- 연구 데이터 분석방법
- 가설 검증을 위한 분석
- 알고리즘 등을 활용한 분석

② 탐색적 데이터분석(EDA)

- 데이터 자체의 특성을 확인하기 위한 분석, 변수와 변수의 관계

예 데이터 속에 매출과 관련된 인싸이트가 있는가?

③ 요약, 모형, 데이터 가공

- 데이터의 정보를 요약, 알고리즘에 따라 변수와 관측치 관계 확인, 예측
- 지점별 혼잡 시간대 계산, 요일/날씨에 따른 주문 상품 예측
- 데이터 분석을 위해 데이터 형태를 변환
- 가공 : 부분 데이터 선택(관심 있는 변수와 관측치 선택) 변수의 결합, 분해, 파생변수 생성

④ 연구 데이터 분석

- 연구의 목적, 연구문제, 주제, 대상 등을 설정
- 설문조사 등을 통해 데이터 수집

⑤ 비즈니스 데이터 분석

- 영업활동을 통해 생성된 데이터 활용
- 분석하고자 하는 목표 설정
- 요일별, 시간별 판매되는 상품의 종류 분석

예 편의점 도시락 판매 데이터, 커피전문점 커피 주문 데이터

⑥ 다양한 데이터 분석

- 공공데이터, 교통량, 진료 내역 등등

### 5) 5단계 – 분석 결과 정리, 가설검증, 시각화

① 분석 결과 요약

- 시각화 - 효과적인 정보 전달
- 적절한 도구 활용 - 엑셀, 워드, 파워포인트, markdown, 대시보드

## 08 빅데이터와 인공지능의 활용

### (1) 전자 IT

AI 가전은 스스로 배우고 답을 낼 수 있다는 게 특징이다. 나아가 가전끼리 서로 대화하고 연결된다. IoT와 스마트홈 등 미래형 가전이 갖춘 요소다. 이를 위해선 방대한 데이터가 필수적이고, 습득 및 자체 학습할 수 있는 독자 플랫폼이 필요하다[출처 : 한경(https://www.hankyung.com)].

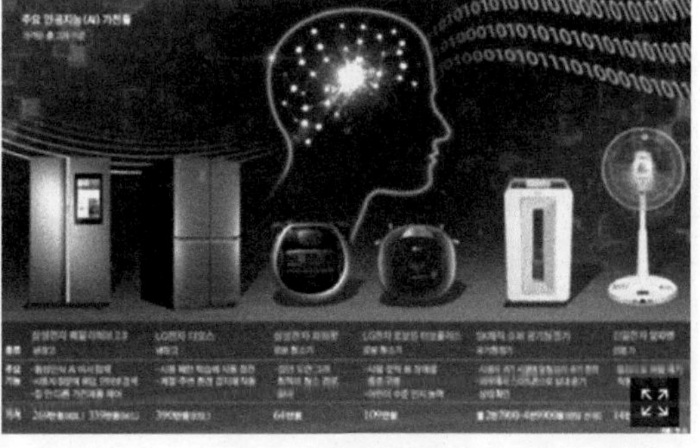

사진제공=삼성전자

### (2) 헬스케어

정보통신기술진흥센터(IITP)가 최근 발표한 정기간행물 'ICT 브리프(Brief) 2018-15호'를 통해 AI 활용 영역 중 소비자가 가장 편안함을 느끼는 분야는 헬스케어라고 진단했다[출처 : 일간투데이(http://www.dtoday.co.kr)].

사진=게티이미지뱅크

### (3) 유통 산업

신세계, CU, 롯데홈쇼핑, 한샘, 한세엠케이 등 정통 유통 기업들의 앞서가는 변화 주목. 트렌비, 배달의 민족 등 유통 스타트업 기업들도 AI 기술 기반으로 경쟁사와 차별화[출처 : 스타트업투데이(https://www.startuptoday.kr)]

출처 : 게티이미지뱅크

사람 중심의 배송에서 인공지능 기반의 기계 중심의 배송으로 패러다임이 진화되고 있다.

### (4) 금융 핀테크

금융위, '금융분야 AI 가이드라인' 발표, 은행들 대출, 인사, 보이스피싱 방지에 AI 활용, AI 뱅커 등장으로 무인서비스 강화[출처 : 오피니언뉴스(http://www.opinionnews.co.kr)]

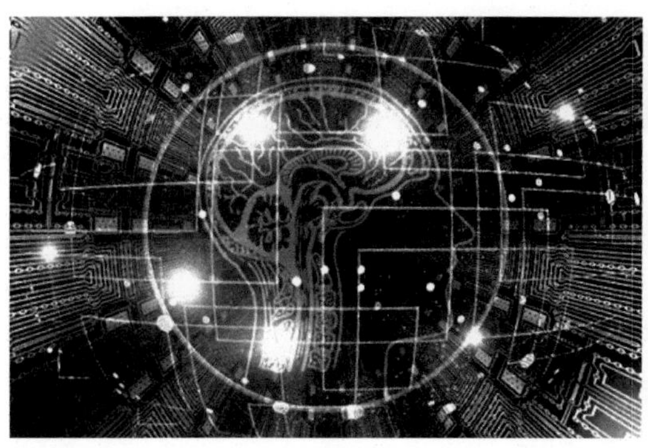

사진=Pixabay

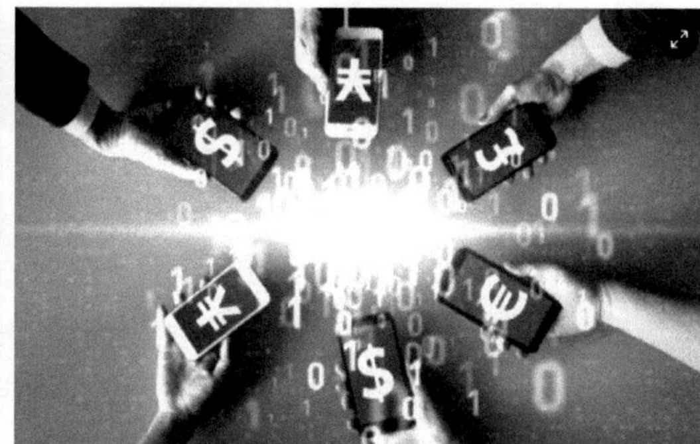

사진=셔터스톡

국가 통합 바이오 빅데이터 구축사업의 전략으로, 추진 배경과, 모집 규모, 사업의 목표를 다음과 같이 구분이 된다.

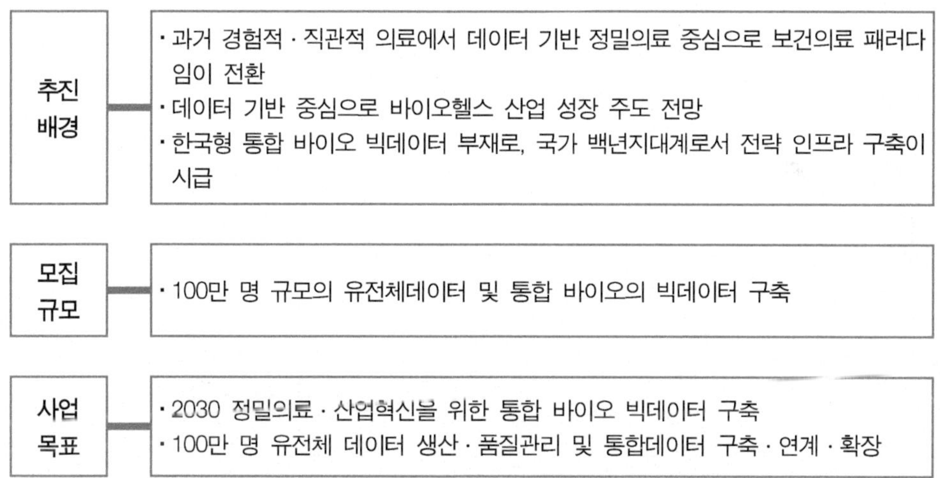



산업적 활용을 위한 기술개발과제 예시

- 유전체DB 활용 CDSS 개발
- 유전체DB 활용 건강 분석 및 예측 알고리즘 개발
- 유전체DB 활용 헬스케어 서비스 큐레이션 기술 개발
- 유전체DB 활용 진단기술(바이오마커) 개발
- 유전체DB 활용 임상시험 효율화 기술 개발

- 유전체 기술기반 응용서비스(당뇨 분석, 조상 찾기 등) 기술개발

## 09 빅데이터와 클라우드 컴퓨팅

빅데이터(Big data)와 클라우드 컴퓨팅(Cloud computing)은 모든 기업에서 점점 더 많이 사용되는 기본 기술이다. 기본적으로 빅데이터는 구조화되거나 구조화될 수 없는 정보로 너무 방대하기 때문에 기존 방식으로 처리할 수 없다.

반면, 클라우드 컴퓨팅은 컴퓨터 하드 드라이브 대신 인터넷을 통해 정보, 파일 및 기타 자산을 저장하고 접근하는 기능을 의미한다. 이 두 가지를 함께 사용하면 확장성이 뛰어날 뿐만 아니라 사업에 유용한 정보에 쉽게 접근할 수 있다.

클라우드 컴퓨팅을 사용하면 필요한 기반 시설을 즉시 제공할 수 있고, 끊임없이 증가하는 데이터로 인해 저장 공간이 부족한 경우 클라우드 플랫폼을 확장할 수 있다.

클라우드 컴퓨팅과 빅데이터 도구는 정보의 저장 및 처리를 보다 효율적으로 만드는데, 전통적인 방식의 경우 빅데이터 방법을 구현하려면 여러 가지 구성 요소와 복잡한 통합 방법이 필요하다.

**그림 2-4** 클라우드 컴퓨팅과 가상화

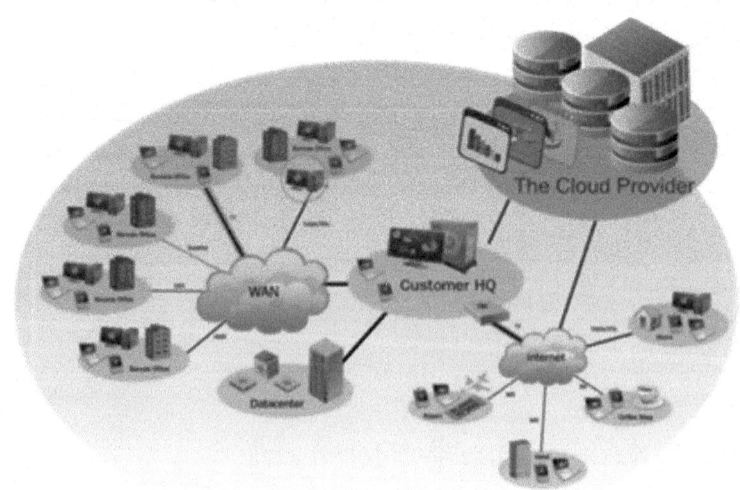


출처 : https://t1.daumcdn.net/cfile/tistory/27486A4750DCD67D17

하지만, 클라우드 컴퓨팅은 이러한 구성 요소를 자동화하는 옵션을 제공하기 때문에 모든 작업이 보다 원활하게 이루어지고, 다른 작업을 수행하는데 시간을 할애할 수 있어 분석 생산성을 향상시킨다(AI타임스).

기업에서 클라우드에 참여하는 것은 수많은 빅데이터의 확보를 위한 것이다. 클라우드 환경은 다양한 데이터를 폭발적으로 증가해도 데이터를 효율적으로 수집, 처리할 수 있도록 해준다.

**그림 2-5** 지능형 클라우드 기반 스마트공장 플랫폼 구축의 예(식품제조공장)

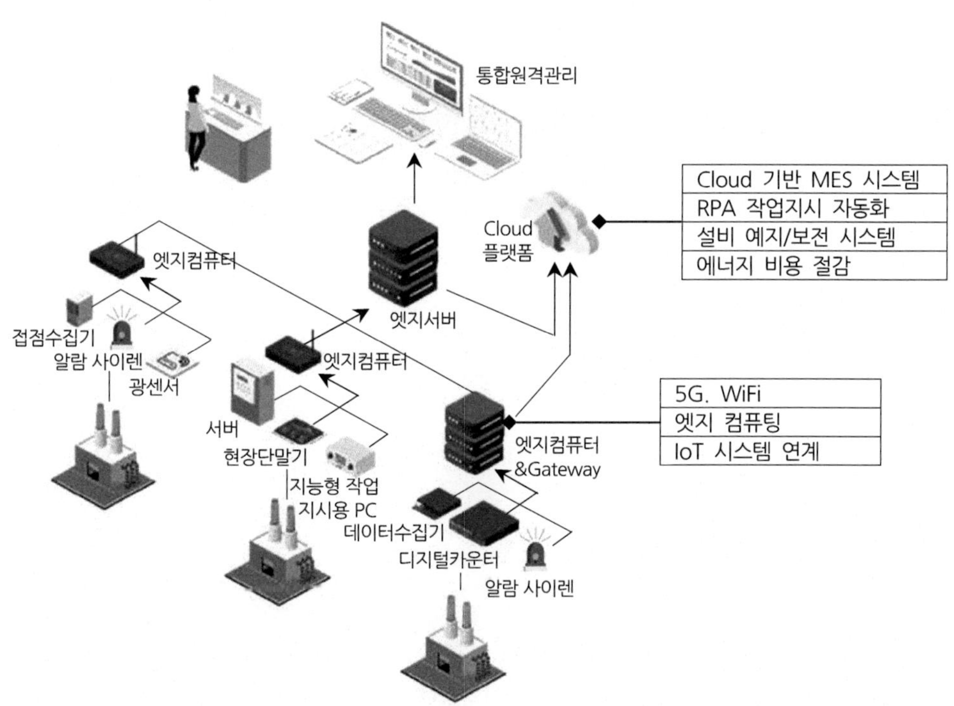


기술적 가능성, 타당성, 분석 성능 등의 이유로 과거에 버려지던 데이터가 저장이 되면서부터 아무 관계없어 보이던 정보의 연관 관계를 **통계기법, 기계학습과 같은 인공지능 프로그램을** 사용하여 **복합적인 의미를 분석, 추론하여 경쟁력 확보 및 강화, 기업의 수익 확대, 소비자의 성향 및 니즈를** 파악하는 등 비즈니스에 활용되고 있다.

**그림 2-6** 사물인터넷, 초연결(Hyper-connected)

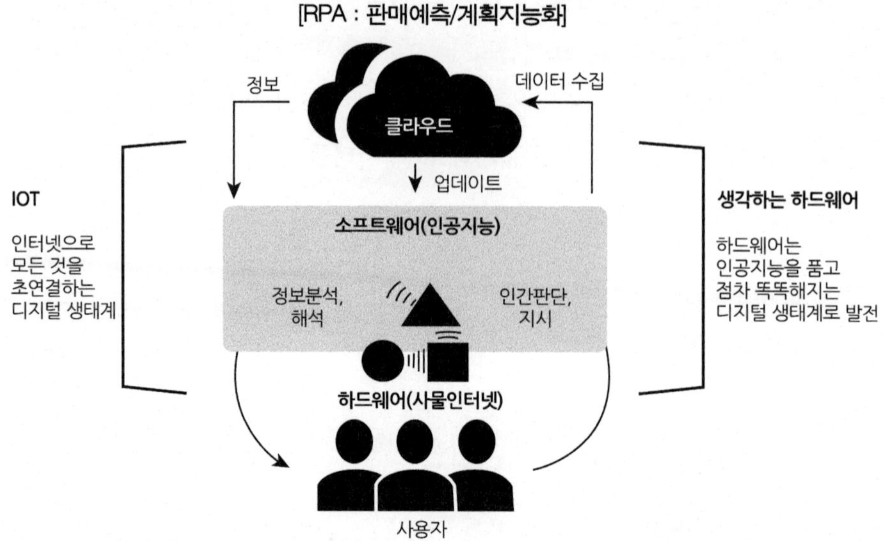


사물인터넷과 인공지능을 기반으로 사람, 공감이 네트워크로 연결의 예

# 제03절 메타버스기술의 의미와 미래 활용

## 01 메타버스의 의미와 이해

메타버스(Metaverse)는 1992년 닐 스티븐슨의 SF 소설 스노우 크래시(Snow Crash)에 처음 등장한 '메타(meta)'와 '우주(universe)'의 합성어로, 디지털 현실과 물리적 특징이 혼합된 집단 가상 열린 공간이다.

메타버스는 실제 현실과 가상의 공간이 서로 연결되어있는 공간으로 영화 레디플레이어원(Ready Player One, 2018)의 온라인 가상공간 오아시스를 떠올리면 된다.

게임은 필립 로즈데일이 스노우 크래시를 읽고 영감을 받아 만든 린든랩사의 세컨드 라이프(2003)가 메타버스의 시초라고 할 수 있다. 현실세계를 가상세계로 옮겨 만든 pc게임으로 아바타를 만들어 서로 어울리고 게임 내에서 사업을 하고 사이버머니(린든 달러)를 현금으로 환전할 수도 있었다.

시대를 앞서 간 초기 단계의 메타버스라는 평가를 받고 있다.

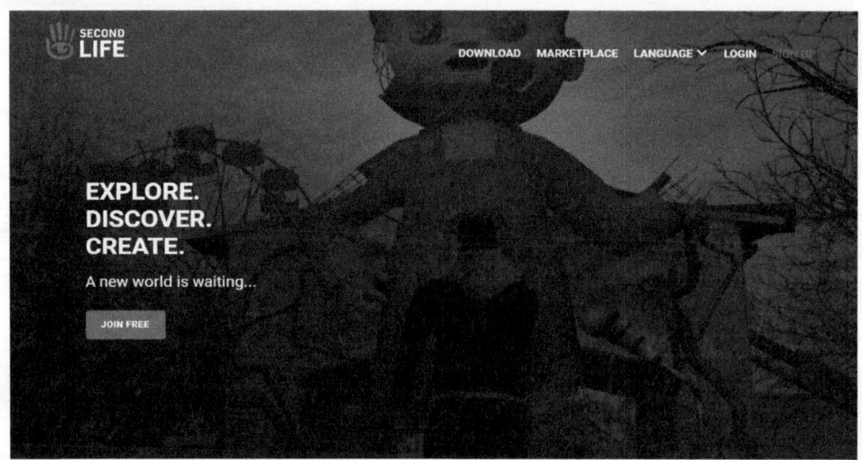


출처 : https://secondlife.com/

게임기반 메타버스를 통해 살펴보면 다음과 같다.

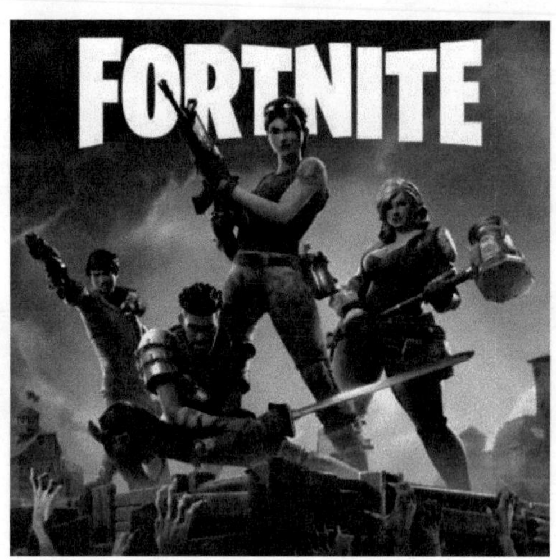


포트나이트는 배틀로얄 형태의 게임이지만 파티로얄 기능이 추가되어 메타버스개념을 확장하였다. 파티로얄은 아바타들이 가상공간을 자유롭게 돌아다니며 친구와 상호 작용하고 콘서트나 영화를 관람하면서 함께 즐길 수 있는 공간이다.

코로나로 오프라인 공연이 힘들어진 상황에서 2020년 4월 트래비스 스캇의 콘서트가 열려 1,230만 명이 접속하여 공연을 즐겼다.

출처 : https://image-cdn.essentiallysports.com/wp-content/uploads/20200424115919/Screenshot-1353.jpg

방탄소년단(BTS)은 2020년 9월에 신곡 다이나마이트(Dynamite)의 안무버전 뮤직비디오를 공개하기도 했다. 파티로얄에 참가한 수많은 게이머들은 BTS 안무 이모티콘을 구입하고 안무에 맞춰 춤을 추고 파티를 즐기기도 했다.

출처 : SBS뉴스

로블록스에서도 아티스트의 공연이 열리고 있는데 2020년 4월 레이디 가가, 11월에 릴 나스엑스가 공연하였다.

로블록스는 게임 속 나의 아바타가 유저들이 직접 만든 여러 가지 게임을 함께 즐기는 오픈월드 게임 플랫폼이다.

## (1) 메타버스 유형

메타버스 1.0

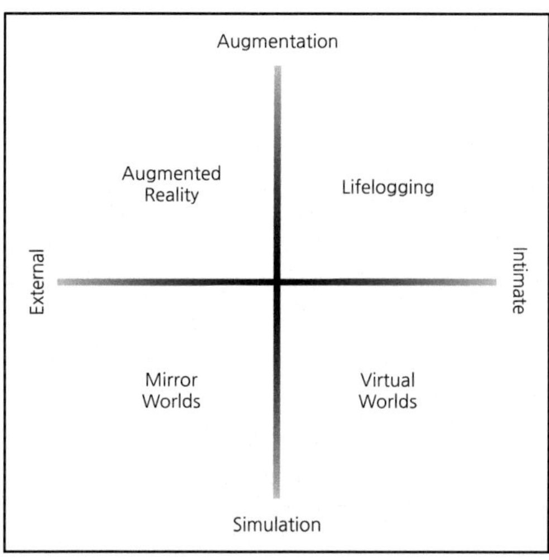


출처 : Metaverse Roadmap

## (2) 메타버스 1.0에서 2.0으로 변화

메타버스의 진화 단계는 활용 기술, 대표 사례, 특성 분석을 통해 촉발(Metaverse 1.0 : Trigger), 과도기(Metaverse 1.5 : Transition), 융합(Metaverse 2.0 : Convergence) 등 3단계로 정의된다(NIA).

**그림 2-7** '메타버스 2.0' 단계적 진화 방향

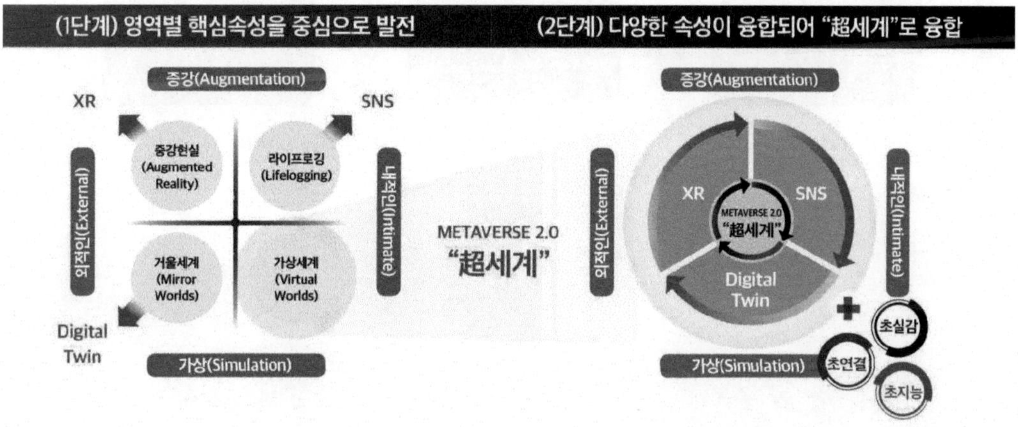

## (3) 메타버스 1.0과 2.0의 차이

메타버스 2.0은 다양한 속성(XR · SNS · 가상세계)이 초연결, 초지능, 초실감으로 융합되어 '현실과 가상을 넘나드는 超(초)세계'이다.

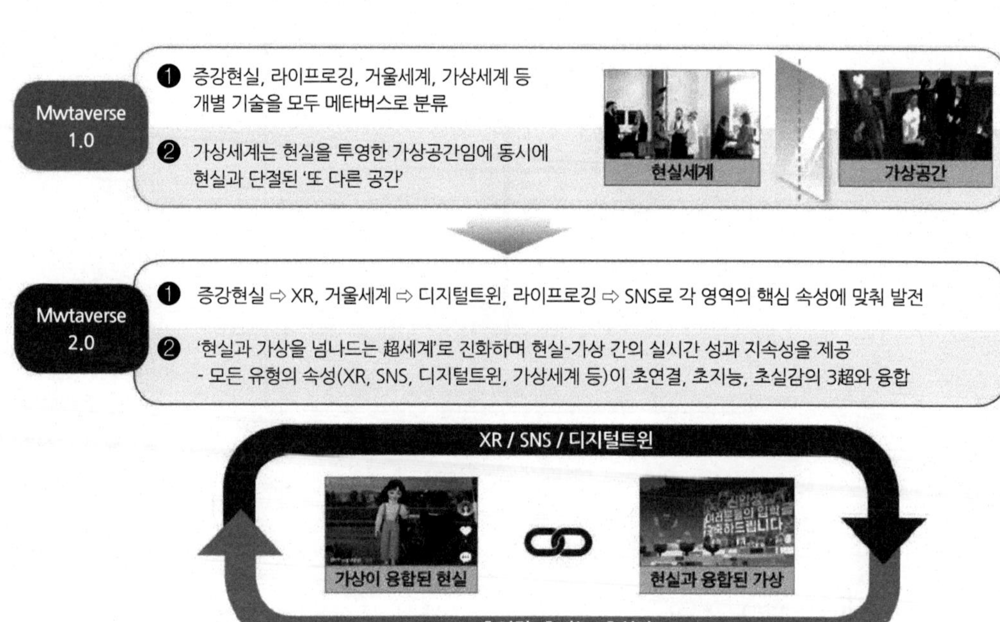


## (4) 메타버스 기술의 변화

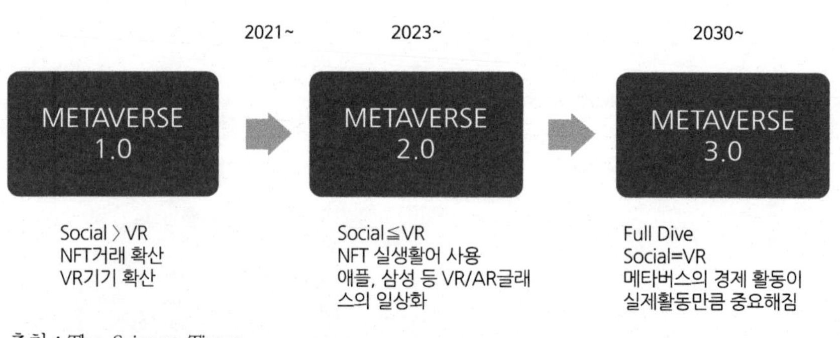


출처 : The Science Times

## 02 메타버스의 산업구조와 가치사슬(seven layers of metaverse)

존 라도프(Jon Radoff)는 메타버스의 주요 가치사슬을 7개 층으로 나누어 설명한다.

**그림 2-8** 메타버스의 주요 가치사슬을 7개 층(층별 상세 설명)

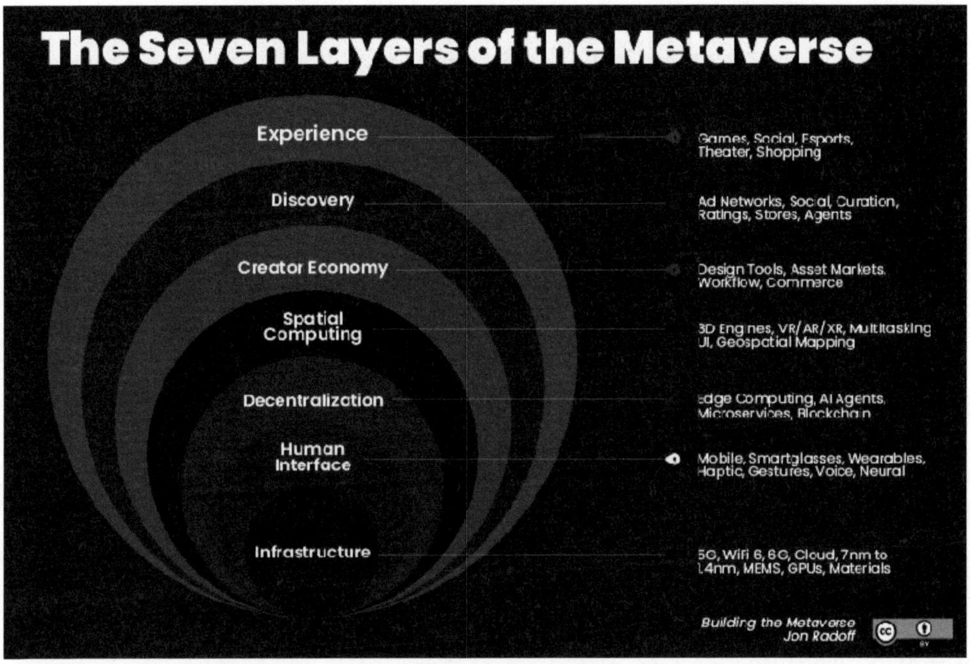

출처 : https://miro.medium.com/max/1100/0*W7d2kJ2UjzeDkc9Q

### 1) 경험(Experience ; 게임, 소셜, e스포츠, 영화, 쇼핑)

우리가 실제로 메타버스에 참여하는 경험을 의미한다. 메타버스와의 접점이다. 포트나이트(Fortnite), 로블록스(Roblox), 렉룸(Rec Room)에서 콘서트 및 라이브 엔터테인먼트를 기반으로 더 많은 이벤트들이 진화할 것이다. e스포츠와 온라인 커뮤니티는 소셜 엔터테인먼트로 강화되고, 여행, 교육, 라이브 공연 등의 전통 산업은 게임적 사고와 가상경제를 중심으로 재편될 것이다.

### 2) 발견(Discovery ; 광고, 네트워크, 소셜 큐레이션 서비스, 평가 서비스, 상점)

메타버스 공간에서도 광고 네트워크, 큐레이션 서비스, 평가 서비스, 상점이 가능하다.

사람들이 메타버스를 발견하게 해준다.

### 3) 크리에이터 경제(Creator Economy ; 디자인 툴, 자산시장, 새로운 산업, 워크플로우, 커머스)

메타버스 상에서 디자인 툴, 자산시장, 새로운 산업이 창출될 수 있다. 제작자가 메타버스 안에서 무언가를 만들고 수익을 창출할 수 있도록 경제활동이 가능하게 해준다.

### 4) 공간 컴퓨팅(Spatial Computing)

공간과 움직임을 구현하는 하드웨어(VR 및 AR관련 장비 플랫폼)로 공간 컴퓨팅을 이용하여 3D공간에 들어가 많은 정보와 경험을 할 수 있다. 객체를 3D로 가져와 사람들과 상호작용 할 수 있도록 지원한다. AR과 VR은 게임산업을 넘어 엔터테인먼트, 교육, 건축, 의료, 제조업 공정관리 등으로 확대되고 있다.

### 5) 탈 중앙화(Decentralization)

분산화 되어 덜 통제되고 민주적인 구조로 되는 것을 의미한다. 증강현실(AR), 가상현실(VR), 5G, 엣지컴퓨팅 기술이 융합해 메타버스에서는 분산된 권한과 디지털로 증명된 분산신원증명(DID)으로 금융회사 중개 없이 개인 간(P2P) 금융거래가 가능해진다.

### 6) 휴먼 인터페이스(Human Interface)

메타버스에 접속을 도와주는 하드웨어이다. 사용자 중심의 인터페이스(UX) 로 몰입감을 결정하는 중요한 요소이다.

예 소니 플레이스테이션, X-box, 오큘러스, 바이브

### 7) 인프라(Infrastructure)

5G, Wifi, 6G, 클라우드, GPU 등 서비스를 상호 연결하는 최적화된 디지털 인프라이다.

## 03 메타버스의 응용(메타버스의 13가지 요소)

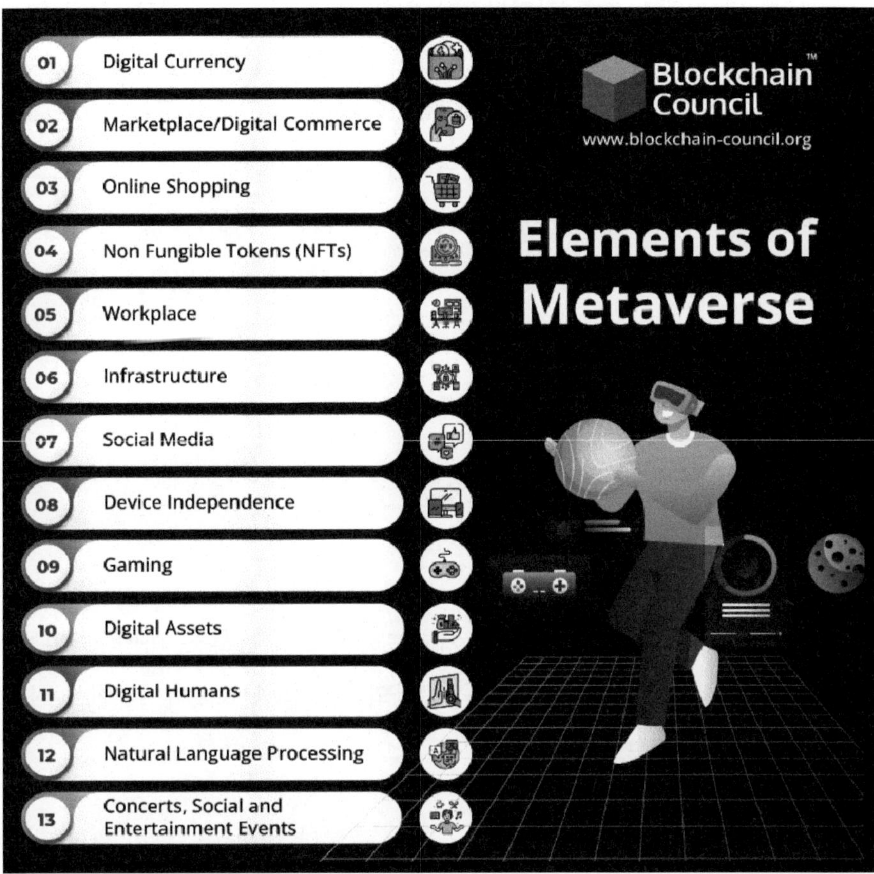


출처 : https://www.blockchain-council.org/wp-content/uploads/2022/04/Elements-of-Metaverse-INFO-01.png

메타버스의 응용적 요소를 살펴보면 다음과 같다.

① 디지털 통화(Digital Currency)

다양한 메타버스 기반 프로젝트는 암호화폐를 네트워크의 기본 옵션으로 한다.

② 마켓플레이스/전자 상거래(Marketplace/Digital Commerce)

AI(인공지능) 주도 키오스크, 캐주얼 채팅

③ 온라인 쇼핑(Online Shopping)

3D 시각화는 글로벌 상거래 및 소매거래에서 새로운 세계를 열 것이다.

④ NFT(Non fungible Tokens(NFTs)

디지털 토큰은 블록체인 기술을 통해 고유한 개체의 소유권을 증명한다. NFT는 수백 년 된 그림이나 저택과 같은 값비싼 품목의 부분 소유가 가능하고, 수집 외에도 새로운 투자의 대상이 된다.

⑤ 직장(workplace)

어떤 사람들에게 메타버스는 직장을 의미한다. 단순히 엔지니어와 프로그래머를 의미하는 것이 아니라 모든 산업을 의미한다. 더 많은 사람들이 일할 기회를 갖게 될 것이다.

⑥ 인프라(Infrastructure)

메타버스를 뒷받침하는 인프라

⑦ 소셜미디어(Social Media)

⑧ 장치의 독립(Device Independence)

메타버스는 하드웨어에 독립적이어야 한다.

⑨ 게이밍(Gaming)

게임은 메타버스의 중요한 요소이다. 세컨드라이프, 로블록스, 마인크래프트 등 메타버스 게임의 플레이어는 아바타와 가상공간의 환경을 업그레이드하면서 다른 플레이어를 자유롭게 만날 수 있다.

⑩ 디지털 자산(Digital assets)

디지털 토큰은 메타버스에 블록체인 기술을 통해 소유권을 증명한다.

⑪ 디지털 휴먼(Digital humans)

인공지능 로봇

⑫ NLP 자연어처리

AI와 통신하는 과정에는 NLP가 필요하다. 인공지능은 자연어와 억양을 이해해야 한다.

⑬ 콘서트, 연예 이벤트(Social and entertainment events)

메타버스 기술은 전자 상거래, 부동산, 전자 학습 환경, 작업 출력 정제 및 패션에 구현된다. 또한 메타버스 기술은 인터넷이 가능한 최신 비디오 게임에 통합되었고 대규모 멀티플레이어 온라인 게임에서 소셜기능은 필수적인 역할을 한다.

### (1) 하드웨어 기술

현재 하드웨어 개발은 VR 헤드셋의 한계와 센서를 극복하고, 햅틱 기술을 통해 몰입도를 높이는 데 중점을 두고 있다.

### (2) 소프트웨어 기술

메타버스 응용 프로그램에 대해 균일한 기술 요구 사항이 받아들여지지 않았다. 현재 대부분의 응용 프로그램은 독점 기술을 사용한다. 메타버스 개발에서 상호 운용성은 주요 관심사이며, 가상 환경은 여러 프로젝트에서 표준화되었다.

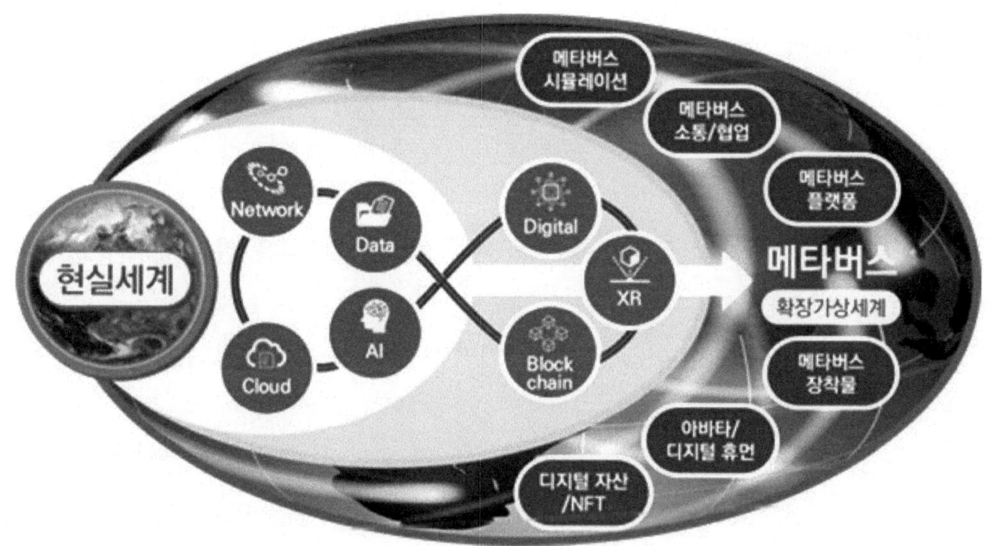


출처 : 한국섬유신문

메타버스(Metaverse)는 **다차원적**이고 살아있는 사람들이 거주하는 **가상공간**이다. **현실공간과의 연결** 및 **상호작용**에 있어 다양한 응용과 개발이 가능하다.

# 제04절 가상현실, 증강현실, 혼합현실, 확장현실의 응용

## 01 가상현실(VR)

가상현실 구현에 필요한 세 가지 요소는 3차원 공간성, 실시간 상호작용, 몰입성이다. 컴퓨터 그래픽 기술, 네트워크 통신 기술, 그리고 HMD 등 오감을 자극하는 입출력 장치들이 필요하다. 사용자가 컴퓨터에서 만든 3D 가상공간에서 인간의 오감을 통해 몰입감을 느끼며 실제로 그 공간에 존재하는 것과 같은 현실감을 느끼게 하는 기술이다.

## 02 증강현실(AR)

AR은 실세 요소에 디지털 정보를 오버레이 한다. 사용자가 현실에서 느끼는 오감에 컴퓨터가 만든 정보를 추가하는 기술이다.

가상현실은 컴퓨터 안에 현실을 구축하는 것이지만, 증강현실은 현실 세계에 가상의 정보를 덧씌우는 것이다.

현실과 가상의 정보를 합성해 사물이나 이미지의 정보를 증강 시켜 주는 것으로 인간의 감각과 인식을 확장한다.

Poketmon GO가 가장 잘 알려진 사례이다. 증강현실은 실제 현실을 바탕으로 하여, 다른 디지털 세부 사항으로 현실을 강화하면서 새로운 인지 계층을 만들고 현실이나 환경을 보완한다.

## 03 혼합현실(MR)

"혼합 현실"이라는 용어는 Paul Milgram 및 Fumio Kishino의 논문 **"혼합 현실 시각적 표시의 분류"**에서 소개되었다.

MR은 현실과 디지털 요소를 함께 활용한다. 혼합현실에서는 차세대 센서 및 이미징 기술을 사용해 실제 물건과 환경, 가상의 물건과 환경을 모두 조작하고 이들과 상호 작용한다.

혼합현실에서는 손으로 가상 환경과 상호 작용하면서 헤드셋을 벗지 않은 상태로 주변을 보고 여기에 몰입할 수 있다. 한 손이나 한 발은 실제 환경에서, 다른 쪽은 가상의 공간에서 활동할 수 있기 때문에 현실과 가상의 기본적인 개념을 무너뜨리고 새로운 방식의 경험을 제공한다. 인간이 지닌 오감의 능력을 극대화하여 사용자가 추가적인 인지나 육감이 생긴 것처럼 느끼게 하는 차세대 융합기술이다.

MR에는 두 가지 유형이 있다.

① **가상 객체를 현실 세계에 혼합** : 예를 들어, 사용자가 VR 헤드셋의 카메라를 통해 현실 세계를 볼 때 가상 객체가 시야에 매끄럽게 혼합됨.

② **실제 객체를 가상 세계에 혼합** : 예를 들어, 가상 세계에서 플레이하는 VR 게이머를 보는 것처럼 가상 세계에 혼합된 VR 이용자의 카메라 뷰가 있다.

## 04 확장현실(XR)

확장현실(XR)은 가상현실, 증강현실, 혼합현실을 포함한 몰입형 기술을 총칭하는 용어로 가상, 증강, 혼합현실은 모두 XR 기술의 요소다. 가상현실, 증강현실, 혼합현실의 교집합이라 할 수 있으며, 위 세 가지 기술 들을 전부 총망라하여 현실 세계 위에 가상현실 기술들을 접목하는 기술과 서비스를 뜻한다. 확장 현실은 편의상 증강현실과 같이 분류되었으나, 최근 증강현실과 가상현실의 기술과 콘텐츠가 대중화되면서 이론적으로만 존재하던 확장현실의 개념이 재정립되어 그 의미가 구체화 되고 있으며, 오늘날 우리의 삶에서 가상과 현실의 소통과 연결은 불가피해 보이고, 결국 가상과 현실의 기술적인 방향은 다중경험을 포함한 확장 현실로 가게 될 것으로 예상하고 있다.

## 05 혼합현실(MR)의 활용

게임에서 영화, 의료에 이르기까지 가상현실, 증강 현실, 혼합 현실의 활용은 계속 늘어나고 있다.

### (1) 의료

수술 시뮬레이션과 같은 교육용

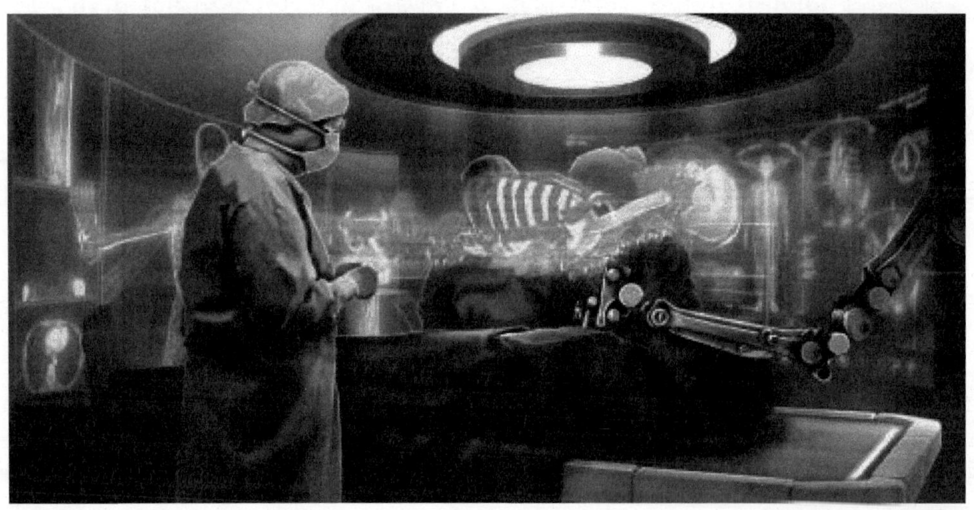

출처 : 사이언스타임

### (2) 영화 및 TV

독특한 경험을 창출하는 영화와 TV 프로그램

### (3) 가상 여행

미술관이나 다른 행성 등 모든 공간으로 떠나는 가상의 여행

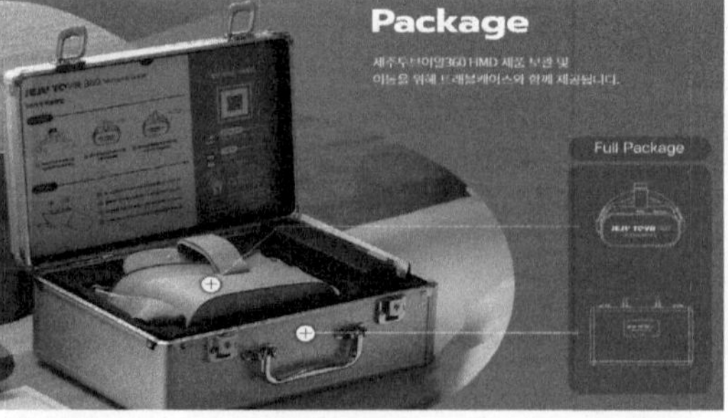


출처 : JEJUTOVR360 WEB

### (4) 전문 스포츠

프로 선수와 아마추어 선수를 돕기 위한 훈련 프로그램

출처 : https://sporttechie-prod.s3.amazonaws.com

출처 : https://johancruyffinstitute.com

출처 : https://johancruyffinstitute.com

### (5) 게임

FPS(First Person Shooter의 약자로 1인칭 슈팅 게임), TPS(Third-Person Shooter의 약자로 3인칭 시점 슈팅 게임)부터 롤플레잉 어드벤처 게임에 이르기까지 이미 1,000개 이상의 게임이 출시되어 있다.

### (6) 필요 도구 : 헤드셋, 고성능 PC(CPU, GPU, 메모리)

다양한 성능과 가격대의 수많은 VR 헤드셋이 시장에 나와 있다. Google Cardboard와 같은 엔트리급 장비는 화면으로 휴대폰을 사용하는 반면, HTC Vive 또는, Oculus Rift와 같은 PC 기반 장치는 프리미엄 VR 환경을 제공하며 몰입감 넘치는 경험을 제공한다.

Microsoft는 Acer, Asus, Dell, HP, Lenovo, Samsung에서 제공하는 헤드셋을 사용하는 Windows 10 혼합현실 플랫폼을 보유하고 있다.

HMD 공급업체에 권장 및 최소 시스템 요구 사항을 확인해야 한다.

예 Microsoft Hololens, Google Glass, Meta 2 헤드셋

## 06 VR 스마트 의류 기술(테슬라수트, 센스 글로브)

출처 : https://mblogthumb-phinf.pstatic.net

스마트 의류의 일종인 테슬라수트에는 4가지 기능이 내장되어 있다.

① **햅틱 피드백** : 전기 자극으로 디지털 환경의 햅틱 감각을 전달한다. 아케이드 소유자나 게임 개발자는 소프트웨어와 햅틱 라이브러리 번들을 이용해 자사만의 효과를 개발할 수 있다.

② **기후 제어** : 테슬라수트는 디지털 환경, 즉 게임 내 배경에서 발생하는 기후 변화를 사용자가 느낄 수 있도록 해준다.

③ **생체 인식 피드백 시스템** : 사용자의 생체 인식 피드백을 추적한다. 머신러닝과 함께 작동해 사용자를 위한 새로운 경험을 제공한다.

④ **아바타 시스템과 모션 캡처** : 사용자의 전신 움직임을 높은 정밀도로 추적하는 기능이다. 11개의 모션 캡처 센서가 사용자의 움직임을 감지하고 처리한다. 안드로이드, 맥, 리눅스, 윈도우를 지원한다.

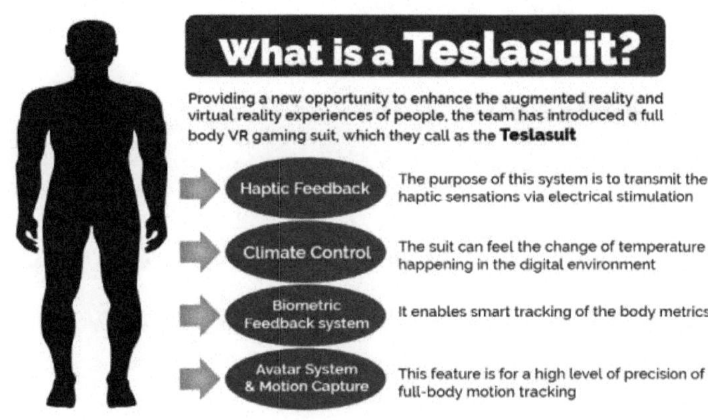


출처 : AI타임스(http://www.aitimes.com)

테슬라수트에는 경피적 전기신경자극(Trans-cutaneous Electrical Nerve Stimulation, TENS) 기술이 내장되어 있다. 경피적 전기신경자극, TENS는 사용자의 신경을 자극하기 위해 장치에 의해 생성되는 전류를 사용한다.

일반적으로는, 치료 목적으로 사용되는 기술이지만 VR 경험을 향상 및 확대하는 데에도 사용된다. 경미한 전류를 흘려 피하 근육을 자극하는 것이다. 지속적인 전기 자극 치료는 근육 부피, 근육 위축, 근력, 근육 크기 등을 개선한다.

사용자는 테슬라수트를 입고 실제 세계에서 물건을 만지거나 들어 올리는 것과 같은 감각을 느낄 수 있다. 테슬라수트에는 스마트 패브릭이 사용됐다. 통기성이 뛰어나며 세탁이 가능하고 내구성이 강하며 신축성이 있다.

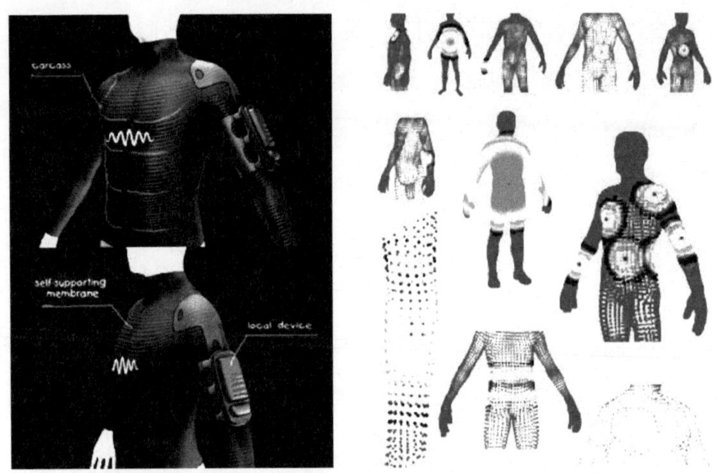


출처 : https://mblogthumb-phinf.pstatic.net

컴퓨터 하드웨어 제조업체 센스 글로브(Sense Glove)사 제품인 센스 글로브장갑은 증강현실(AR) 및 VR 세계에서 자연스러운 상호작용이 가능하게 해준다. AR 및 VR 세계에서 물건의 질감, 밀도, 무게, 모양 등을 느낄 수 있다. 센스 글로브는 손 모양의 장갑으로 글로브 안에 손을 넣고 움직인다. 예를 들어 게임에서 적의 공격을 받아 글로브를 끼고 막아내면 손에 진동이 느껴진다(출처 : AI타임스).

출처 : Sense Glove

# 제05절 인공지능(AI)과 IT기술 활용

## 01 인공지능이란

인공지능은 사람 또는 동물의 지능이 컴퓨터로 모사될 정도로 세밀하고 정확하게 표현될 수 있다는 생각에 기반을 둔다. 지능에 대한 정의와 마찬가지로 인공지능에 대해서도 다양한 정의가 존재한다. 인공지능의 방법과 관련한 탐색, 논리 및 추론, 지식 표현, 계획, 학습 등 세부 분야에 대한 연구가 진행 중이고, 자연어 처리, 컴퓨터 비전 및 패턴 인식, 로보틱스 등의 분야에서 응용된다.

## 02 인공지능의 역사

인공지능이라는 용어는 1956년 미국 다트머스 대학(Dartmouth College)에서 열린 워크숍 제안서에서 존 매카시(John McCarthy)가 처음 공식적으로 사용하였다. 그러나 인공지능이라는 용어 등장 이전에도 1943년 워렌 맥컬로치(Warren McCulloch)와 월터 피츠(Walter Pitts)가 제안한 인공 뉴런(neuron) 모델에서 그 논리적 기능을 분석하였으며, 1950년 앨런 튜링은 튜링 시험(turing test)을 제안하여 생각하는 기계의 구현 가능성을 분석하였다.

1950~60년대 초창기의 인공지능 연구는 정리(theorem) 증명과 게임 등의 분야에서 놀라운 성과를 거두었으나, 이후 과도한 기대에 따른 실망과 쇠퇴 그리고 새로운 모델 및 이론의 개발 등이 반복되었다. 1970~80년대에는 전문가 시스템(expert system)에 대한 연구가 활발하였다. 1980년대 중반에 역전파 알고리즘(backpropagation algorithm)의 재발견 이후 인공 신경망(ANN : Artificial Neural Network) 모델에 대한 연구가 활발해졌다. 1990년대의 인공지능 연구는 통계학, 정보 이론, 최적화 등 다양한 분야의 방법들을 활용하게 되었으며, 학습 이론 등 굳건한 이론적 토대를 갖추게 되었다. 2000년대 들어 대규모 데이터를 이용한 기계 학습이 활발히 연구되었으며, 체스, TV 퀴즈 쇼 참가 및 운전 등의 작업에 적용한 인공지능 기술이 사람과 대등하거나 더 우수할 수 있음을 입증하였다. 2010년대 이후 컴퓨터 하드웨어와 학습 알고리즘의 발달은 심층 기계 학습(deep learning) 모델의

구축을 가능하게 하였으며, 이에 기반하여 바둑 및 영상에서의 객체 인식(object recognition) 등에서 사람보다 뛰어난 컴퓨터 프로그램이 개발되었다.

## 03 인공지능 용어

인공지능에 대해 알고 싶다면 정리해 두어야 할 키워드를 살펴보면 다음과 같다.

**그림 2-9** 인공지능의 용어와 관련 시스템

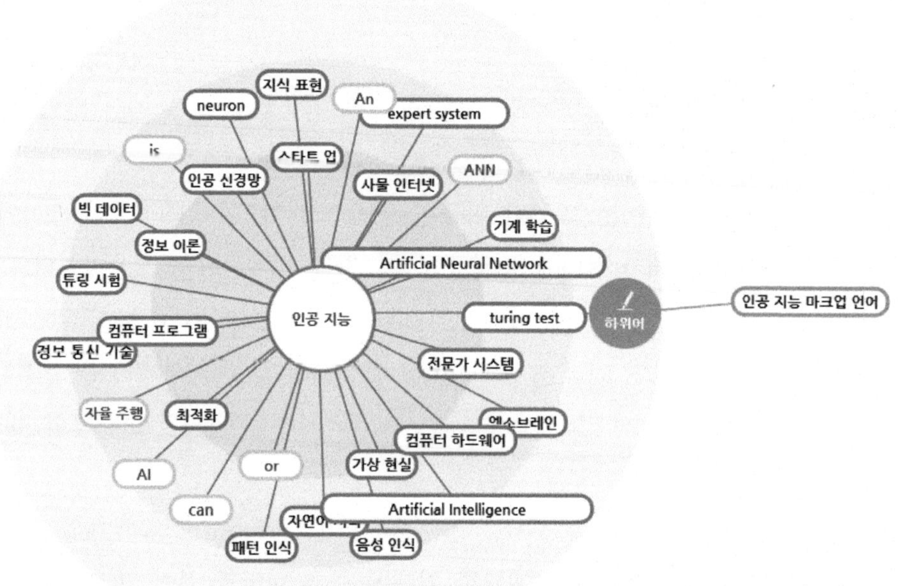


출처 : 한국정보통신기술협회

## 04 인공지능 기술과 응용

인공지능 연구는 음성 인식, 바둑 등 특정한 분야에서 좋은 성과를 보이고 있으나, 아직 사람과 같은 지능을 갖추지는 못하였다. 예를 들어, 사람과 대화하며 동시에 바둑도 둘 수 있는 인공지능 에이전트는 아직 개발되지 못하였다. 한편 특정한 작업에만 적용할 수 있는 인공지능 시스템이 아니라 생각하고, 학습하고, 창조할 수 있는 범용 기계를 만드는 것을 목표로 하는 사람 수준(human-level) 인공지능 또는 범용 인공지능(AGI : Artificial General Intelligence)에 대한 연구도 이루어지고 있다.

**그림 2-10** 인공지능 VS 머신러닝 VS 딥러닝의 영역

### (1) ANN(Artificial Neural Network)

인공신경망이라고 불리는 ANN은 사람의 신경망 원리와 구조를 모방하여 만든 기계학습 알고리즘이다.

인간의 뇌에서 뉴런들이 어떤 신호, 자극 등을 받고, 그 자극이 어떠한 임계값(threshold)을 넘어서면 결과 신호를 전달하는 과정에서 착안한 것이다. 여기서 들어온 자극, 신호는 인공신경망에서 Input Data이며 임계값은 가중치(weight), 자극에 의해 어떤 행동을 하는 것은 Output데이터에 비교하면 된다.

**그림 2-11** 인공신경망의 구조

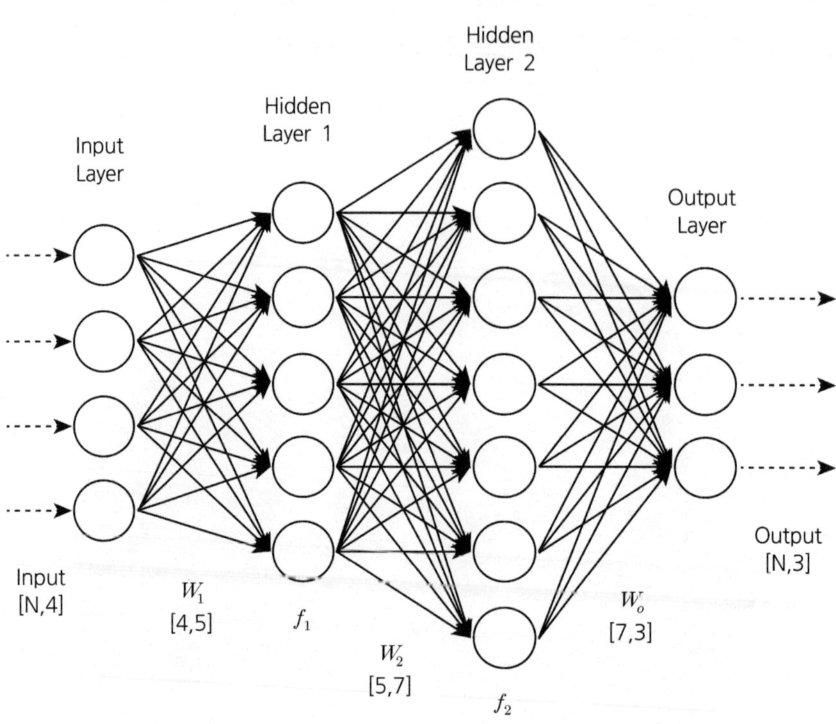


인공신경망은 시냅스의 결합으로 네트워크를 형성한 인공뉴런(노드)이 학습을 통해 시냅스의 결합 세기를 변화시켜, 문제 해결 능력을 가지는 모델 전반을 가리킨다(출처 : 위키백과).

## (2) DNN(Deep Neural Network)

ANN기법의 여러 문제가 해결되면서 모델 내 은닉층을 많이 늘려서 학습의 결과를 향상시키는 방법이 등장하였고 이를 DNN(Deep Neural Network)이라고 한다. DNN은 은닉층을 2개 이상 지닌 학습 방법을 뜻하고, 컴퓨터가 스스로 분류레이블을 만들어 내고 공간을 왜곡하고 데이터를 구분 짓는 과정을 반복하여 최적의 구번 선을 도출해 낸다. 많은 데이터와 반복학습, 사전학습과 오류 역전파 기법을 통해 현재 널리 사용되고 있다.

**그림 2-12** NN vs DNN의 관계

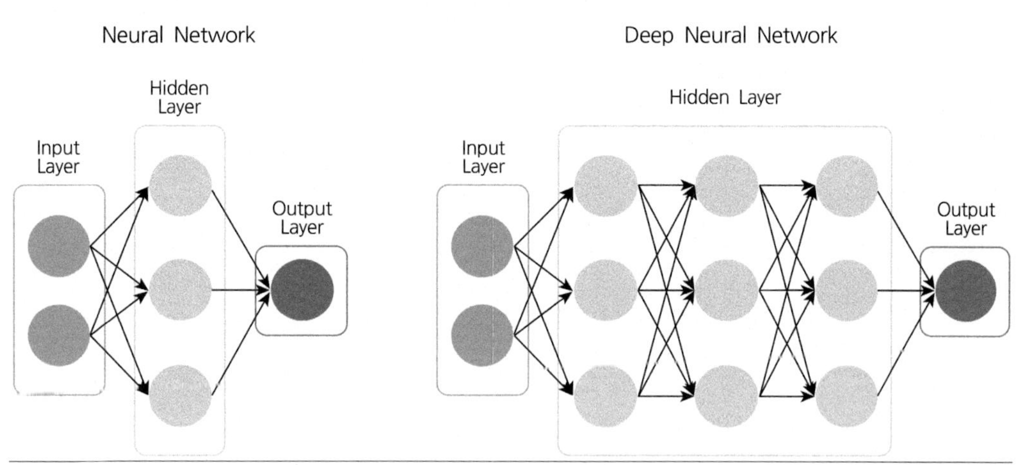


DNN을 응용한 알고리즘이 CNN, RNN이다.

## (3) CNN의 기능

CNN은 보통 정보추출, 문장분류, 얼굴인식 등의 분야에서 널리 사용되고 있고, CNN은 데이터의 특징을 추출하여 특징들의 패턴을 파악하는 구조이다.

이 CNN 알고리즘은 Convolution 과정과 Pooling 과정을 통해 진행되고, Convolution Layer와 Pooling Layer를 복합적으로 구성하여 알고리즘을 만든다.

복수의 감각 데이터를 사용하여 특징을 파악한다.

**그림 2-13** CNN(Convolutional Neural Networks)의 전체적인 네트워크 구조

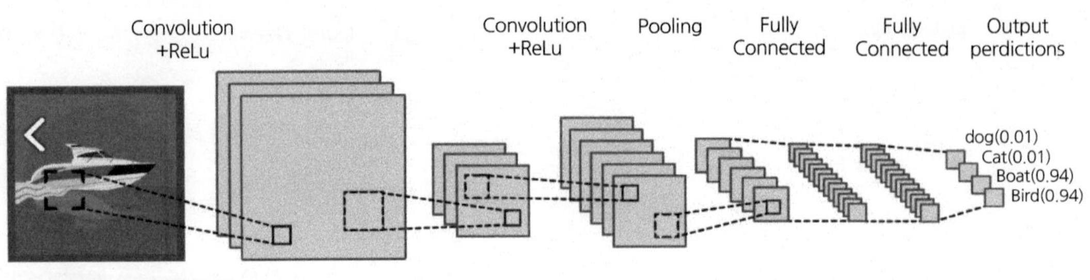


**그림 2-14** CNN-convolution 입력데이터에 필터를 적용 후 활성화 함수를 반영

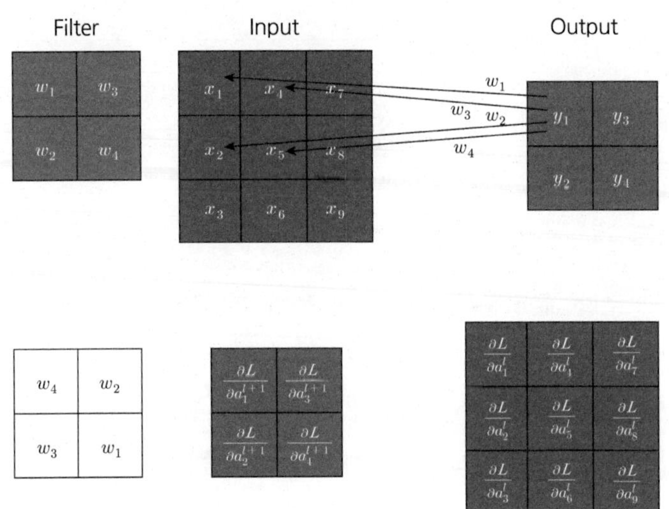


데이터의 특징을 추출하는 과정으로 데이터에 각 성분의 인접 성분들을 조사해 특징을 파악하고 파악한 특징을 한 장으로 도출시키는 과정이다. 이 과정은 하나의 압축 과정이며 파라미터의 개수를 효과적으로 줄여주는 역할을 한다.

### (4) Pooling의 역할

Convolution 과정을 거친 레이어의 사이즈를 줄여주는 이다. 단순히 데이터의 사이즈를 줄여주고, 노이즈를 상쇄시키고 미세한 부분에서 일관적인 특징을 제공한다.

### (5) RNN(순환신경망 : Recurrent Neural Network)

음성 웨이브폼을 파악하거나, 텍스트의 앞 뒤 성분을 파악할 때 주로 사용된다.

RNN 알고리즘은 반복적이고 순차적인 데이터(Sequential data)학습에 특화된 인공신경망의 한 종류로써 내부의 순환구조가 들어 있다는 특징을 가지고 있다. 순환구조를 이용하여 과거의 학습을 Weight를 통해 현재 학습에 반영한다. 기존의 지속적이고 반복적이며 순차적인 데이터학습의 한계를 해결한 알고리즘이다. 현재의 학습과 과거의 학습의 연결을 가능하게 하고 시간에 종속된다는 특징도 있다.

**그림 2-15** 일반적인 RNN의 구조

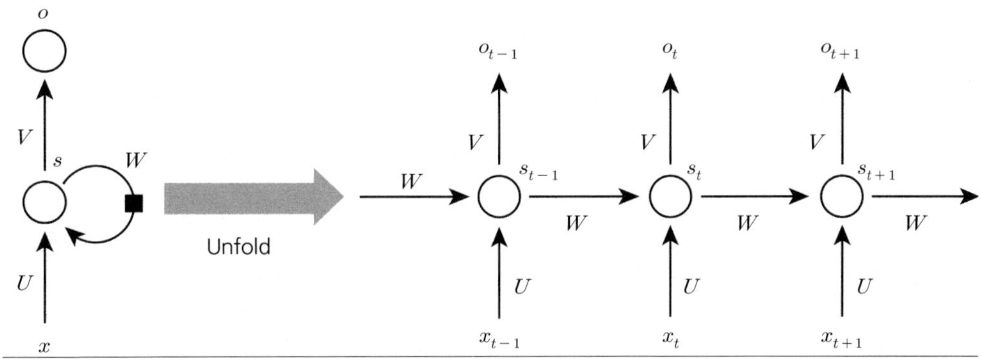

- $x_t$는 시간 스텝(time step) $t$에서의 입력 값이다.
- $s_t$는 시간 스텝 $t$에서의 hidden state이다. 네트워크의 "메모리" 부분으로서, 이전 시간 스텝의 hidden state 값과 현재 시간 스텝의 입력값에 의해 계산된다. $s_t = f(Ux_t + Ws_{t-1})$. 비선형 함수 $f$는 보통 tanh나 ReLU가 사용되고, 첫 hidden state를 계산하기 위한 $s_{-1}$은 보통 0으로 초기화시킨다.
- $o_t$는 시간 스텝 $t$에서의 출력 값이다. 예를 들어, 문장에서 다음 단어를 추측하고 싶다면 단어 수만큼의 차원의 확률 벡터가 될 것이다. $o_t = \mathrm{softmax}(Vs_t)$

## 05 인공지능과 빅데이터

인공지능 기술은 '데이터를 잘 해석하여 거기서 어떤 룰과 패턴을 발견해내는 것'이라고 할 수 있다. 기출문제를 많이 모아두면 시험에서 비슷한 문제를 쉽게 풀 수 있는 식이다.

1956년에 다트머스 컨퍼런스에서 "**학습의 모든 면 또는 지능의 다른 모든 특성로 기계를 정밀하게 기술할 수 있고 이를 시뮬레이션 할 수 있다.**"라는 주장과 함께 인공지능(AI)이 탄생하였다. 하지만 컴퓨팅 능력의 한계를 비롯한 다양한 이유로 투자가 줄어들고 인공지능의 암흑기를 맞이한다.

컴퓨팅 능력이 향상 및 기계학습을 통한 빅데이터 분석 등을 요구하며 인공지능은 4차 산업혁명의 핵심기술로 다시 두각을 나타낸다. 결국 인공지능 알고리즘을 이용하여 빅데이터를 분석하는 기계학습과 딥러닝을 탄생시켰다.

인공지능은 빅데이터를 사용하여 구현 완성도를 높였다고 볼 수 있다. 인공지능과 빅데이터는 뗄 수 없는 관계이다. 데이터의 활용을 위해서 정돈된 데이터가 필요하고 이를 전처리 과정이라고 한다.

**그림 2-16** 개와 고양이 같은 대상을 인식하는 지도학습

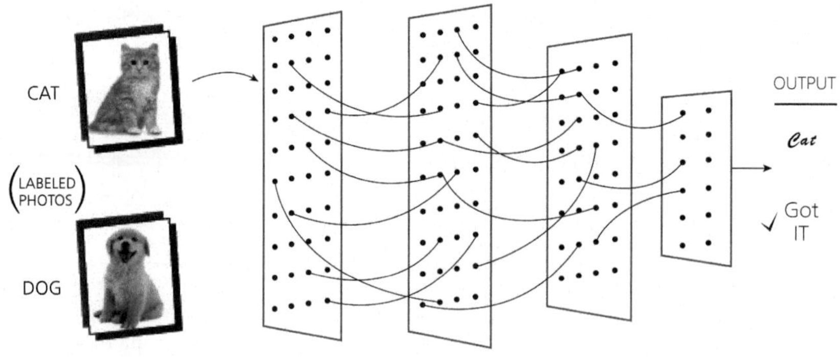


인공지능을 통한 이미지 인식에서 기본적인 예로 드는 것이 고양이와 개의 사진을 보여주고 구분할 수 있느냐는 것이다. 인공지능을 학습시키려면 사람이 수작업으로 이것은 고양이 사진, 이것은 개 사진, 이렇게 분류해주어야 한다.

인공지능은 사람이 분류해놓은 사진 수천만 장을 보고, 어떤 사진은 개로 분류되고, 어떤 사진은 고양이로 분류되는지 패턴을 찾아내는 학습을 하게 됩니다. 이것을 지도 학습(Supervised Learning)이라고 한다.

## 06 인공지능 융 · 복합화

### (1) 지능형 로봇

지능형 로봇(Intelligent Robots)은 외부환경을 인식(Perception)하고, 스스로 상황을 판난(Cognition)하여, 자율적으로 동작(Manipulation)하는 로봇을 의미한다. 기존의 로봇과 차별화되는 것은 상황판단 기능과 자율동작 기능이 추가된 것이다. 상황판단 기능은 다시 환경인식 기능과 위치인식 기능으로 나뉘고, 자율동작 기능은 조작제어 기능과 자율이동 기능으로 나눌 수 있다(위키백과).

#### 1) 기술현황

① 조작제어 기술

물건을 잡고, 자유롭게 핸들링하는 기술이다. 조작제어 기능은 로봇이 컴퓨터와 차별화되는 가장 강력한 기능이다. 인간의 다섯 손가락 모양의 스마트핸드 기술이 대표적이다. 이러한 기술이 구현되려면, 신소재 액츄에이터, 다지손 메커니즘 설계, 다축협조제어, 역각제어, 학습형 파지제어 등 많은 원천기술이 확보되어야 한다.

예 실비로봇

② 자율이동 기술

자유롭게 이동할 수 있는 기술로서, 바퀴형, 4족형, 2족형 등의 이동메커니즘으로 분류된다. 예 빅독, 아시모, 휴보

자율이동 기술은 기계적 위치이동 기술, 자율 경로계획 충돌회피 등 경로를 따라 이동하는 기술로 구성된다.

③ 물체인식 기술

물체인식은 미리 학습을 한 지식정보를 바탕으로, 물체의 영상을 보고, 물체의 종류, 크기, 방향 위치 등 3차원적 공간정보를 실시간으로 알아내는 기술이다.

④ 위치인식 기술

기계가 스스로 공간지각능력을 갖는 인공지능기반 기술이다. 물체인식과 더불어 2대 인지기술로서, 로봇의 자율이동 핵심기술이다. 센서기반, 마크기반, 스테레오 비전 기반 위치인식기술 등 다양한 접근법이 연구되고 있다.

⑤ HRI 기술

인간과 기계의 인터페이스 기술로, 감정을 이해하는 인공감성기술, 생체와 인터페이스 바이오인터페이스 기술, 제스처인식 등을 통해 인간의 의도를 알아내는 기술로서, 인공지능기술과 BT기술이 융합되는 가장 궁극적으로 구현될 기술이다.

⑥ 센서 및 액추에이터 기술

앞의 5대 기술을 가능하게 하는 기본적인 요소기술로서, 인공눈, 초소형모터, 촉각센서, 인공피부, 마이크로 모터, 인공근육 등 다양한 소재와, 메카트로닉스적 융합기술이 구현되는 분야이다.

#### 2) 응용분야의 로봇

- 가사지원/실버 로봇
- 교육/오락 로봇
- 의료/헬스케어 로봇
- 국방/안전 로봇
- 해양/환경 로봇

### (2) 지능형 사물 인터넷 – IT/IoT 연계

AI와 IoT가 융합한 지능형 사물인터넷은 초지능 시대를 연다. 인공지능과 사물인터넷(IoT)이 연결되어 IoT, 레이더 센서를 통해 수집된 데이터를 활용해 AI가 의사결정을 내린다. 수십억 개의 센서는 제조, 의료, 항공우주, 방위, 운송, 텔레콤, 스마트시티 분야 등에서 거대한 데이터 흐름을 실시간으로 감지하고, 인공지능은 이를 분석하고 예측을 수행한다. 특히, 자율주행 자동차 분야에서 지능형 사물인터넷의 발전은 획기적이다(AI 타임스).

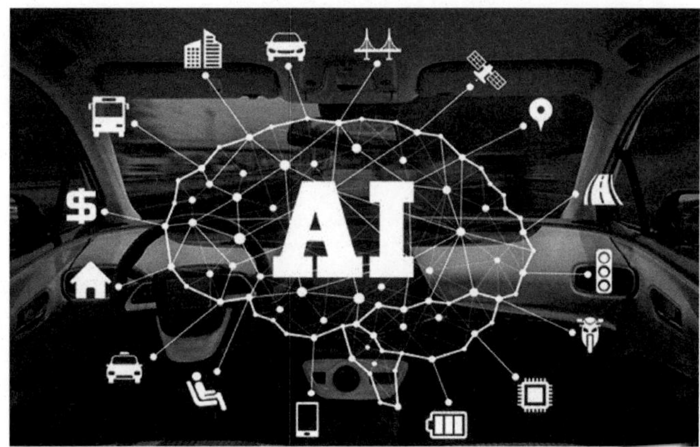


출처 : https://blog.lgcns.com/

## 07 챗GPT 사용법

### (1) ChatGPT

ChatGPT는 글을 써주는 AI이다. Open AI에서 개발한 대화형 언어 모델로 입력 받은 데이터를 기반으로 인간처럼 텍스트를 생성하는 고급 기계 학습 알고리즘을 사용한다. 질문에 답하거나 정보 제공, 언어 번역 및 텍스트 요약 등 다양한 언어 관련 작업을 수행할 수 있다. ChatGPT는 큰 텍스트 데이터를 기반으로 훈련되었으며, 다양한 토픽에 대해 대답할 수 있다.

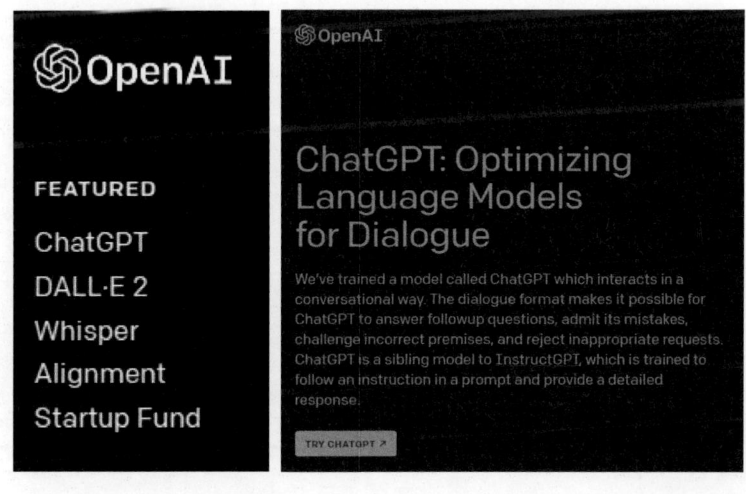

Open AI(https://openai.com)의 ChatGPT에서 꿈과 희망을 주제로 글을 써달라고 하면 다음과 같이 대답해 준다.

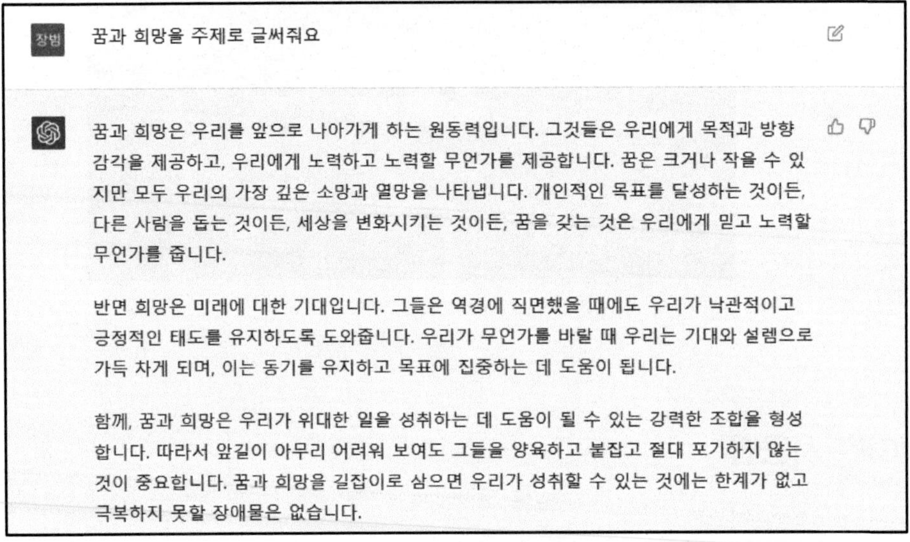
장범 꿈과 희망을 주제로 글써줘요

꿈과 희망은 우리를 앞으로 나아가게 하는 원동력입니다. 그것들은 우리에게 목적과 방향 감각을 제공하고, 우리에게 노력하고 노력할 무언가를 제공합니다. 꿈은 크거나 작을 수 있지만 모두 우리의 가장 깊은 소망과 열망을 나타냅니다. 개인적인 목표를 달성하는 것이든, 다른 사람을 돕는 것이든, 세상을 변화시키는 것이든, 꿈을 갖는 것은 우리에게 믿고 노력할 무언가를 줍니다.

반면 희망은 미래에 대한 기대입니다. 그들은 역경에 직면했을 때에도 우리가 낙관적이고 긍정적인 태도를 유지하도록 도와줍니다. 우리가 무언가를 바랄 때 우리는 기대와 설렘으로 가득 차게 되며, 이는 동기를 유지하고 목표에 집중하는 데 도움이 됩니다.

함께, 꿈과 희망은 우리가 위대한 일을 성취하는 데 도움이 될 수 있는 강력한 조합을 형성합니다. 따라서 앞길이 아무리 어려워 보여도 그들을 양육하고 붙잡고 절대 포기하지 않는 것이 중요합니다. 꿈과 희망을 길잡이로 삼으면 우리가 성취할 수 있는 것에는 한계가 없고 극복하지 못할 장애물은 없습니다.

이어서 꿈과 희망을 주제로 시를 써달라고 하면 다음과 같이 작성해 준다.

장범 꿈과 희망을 주제로 시를 써주세요

Dreams and Hopes

In the night, I dream of things to come,
Of all the joy and all the fun,
Of all the hopes and all the fears,
That bring me comfort through the years.

And in the day, I hold on tight,
To all the dreams that fill the light,
To all the plans and all the goals,
That help me live and help me grow.

For dreams and hopes are what we make,
The bridges to the life we take,
The foundation of our will,
The source of strength to help us still.

So let us hold on to our dreams,
And nurture all our hopes it seems,
For they will guide us on our way,
And light the path to a brighter day.

대화창에 번역이라고 입력하면 번역해 준다.

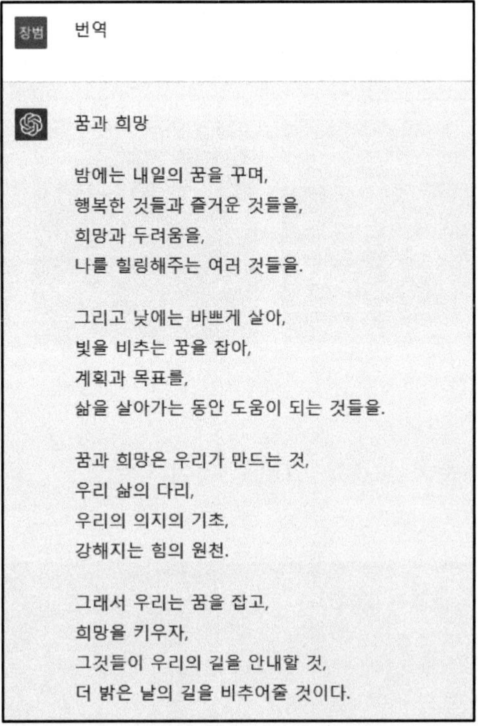


유사한 ChatGPT 서비스로 네이버 CLOVA, KT 믿음, 구글 바드, 바이두 어니봇 등이 출시 및 준비 중이다.

### (2) DALL · E2

DALL · E2는 그림을 그려주는 AI 서비스이다. Open AI에서 개발한 최신 AI 시스템으로 자연어 설명을 사용하여 새로운 이미지를 생성한다. 다른 이미지 생성 모델과는 달리, DALL · E 2는 "네 개의 눈을 가진 펭귄이 망토를 입고 있다"와 같은 창의적이고 추상적인 개념에 기반하여 이미지를 생성할 수 있으며, 입력 텍스트를 반영하여 상세하고 다양한 이미지를 생성할 수 있다. DALL · E 2는 그래픽, 예술, 광고 등 다양한 분야에 영향을 미칠 가능성이 있다.

2030년 화성의 슈퍼카 그림을 그려달라고 해보았다.

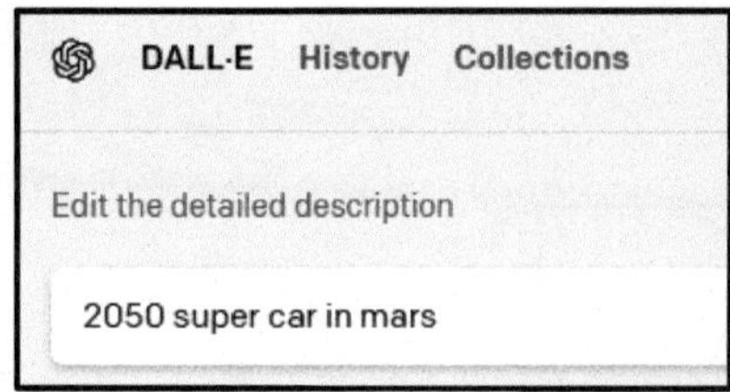

출처 : https://openai.com

다음 사진은 2050년 서울의 모습을 그려준 것이다.

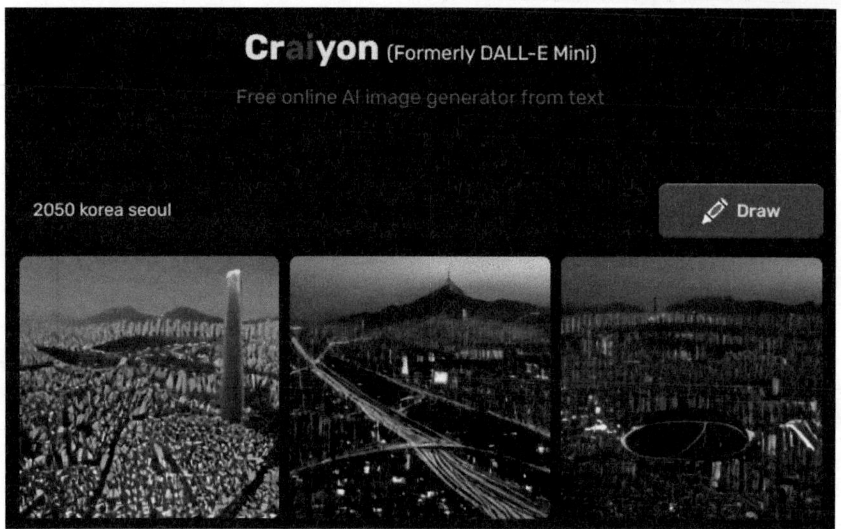


## (3) ChatGPT의 활용

### 1) 블로그에 글쓰기

블로그 작성을 도와주는 AI는 기계 학습 알고리즘을 사용하여 블로그나 웹 사이트의 콘텐츠를 자동으로 생성하는 일종의 자연어 생성(NLG) 도구이다.

이러한 도구는 쓰기 프로세스를 자동화하고 주제, 어조 및 길이와 같은 사용자 정의 매개변수를 기반으로 고품질 콘텐츠를 생성함으로써 사용자가 시간과 노력을 절약할 수 있도록 도와준다.

AI 기반 블로그 작성 도구는 딥러닝 및 자연어 처리와 같은 기술의 조합을 사용하여 데이터를 분석하여 콘텐츠를 생성한다.

### 2) 유튜브 영상 만들기

유튜브 영상을 만드는 AI는 머신러닝 알고리즘을 이용해 유튜브용 영상을 자동으로 생성하는 기술이다. 이러한 AI기반 동영상 제작 도구는 일반적으로 텍스트, 이미지 또는 오디오와 같은 사용자 입력을 분석하고 해당 정보를 사용하여 길이, 스타일 및 형식과 같은 사용자 정의 매개변수를 충족하는 동영상을 만든다.

### 3) 소설, 시쓰기

AI로 소설과 시를 쓰는 것은 인공 지능 알고리즘을 사용하여 창의적인 작품을 생성하는 것과 관련된 컴퓨팅 창의성으로 알려진 개발 분야이다.

AI 기반 쓰기 도구는 일반적으로 기존 작업의 대규모 데이터 세트를 분석하고 머신 러닝 알고리즘을 사용하여 패턴을 식별하고 소스 자료의 스타일과 톤을 모방한 새 텍스트를 생성하는 방식으로 작동한다.

### 4) 영어 공부하기

AI 기반 언어 학습 도구는 대화형 연습과 실시간 피드백을 통해 학습자가 문법, 어휘, 발음 및 기타 언어 기술을 연습하는 데 도움을 줄 수 있다.

AI로 영어를 공부하는 것은 학습자에게 개인화되고 대상이 지정된 언어 학습 경험을 제공하여 기존 방법보다 더 효율적이고 효과적으로 언어 능력을 향상시키는 데 도움이 될 수 있다.

### 5) 프로그래밍언어 공부하기

AI 기반 프로그래밍 언어 학습 도구는 학습자가 코딩을 연습하고 코드를 디버그하고 코딩 스타일 및 성능에 대한 피드백을 받는 데 도움이 될 수 있다.

### 6) 웹디자인

AI 기반 웹 디자인 도구는 디자이너와 개발자가 반복적인 작업을 자동화하고, 더 나은 사용자 경험을 위해 디자인을 최적화하고, 사용자 선호도 및 추세를 기반으로 새로운 디자인 아이디어를 생성하는 데 도움을 줄 수 있다.

**AI와 대화 잘하면 연봉 4억... 美테크기업서 뜨는 신기술**
**[특파원 리포트]**

최근 실리콘밸리에서는 '프롬프트 엔지니어링(prompt engineering)'이란 말이 뜨고 있다. 프롬프트는 인공지능(AI)에 입력하는 명령어를 의미한다. 즉 프롬프트 엔지니어링은 AI가 최상의 결과물을 낼 수 있도록 AI에 지시하고 대화하는 기술이라고 보면 된다. 사용자의 질문에 사람 같은 답변을 하는 AI 챗봇 '챗GPT'와 지시에 맞춰 다양한 그림을 그려주는 '미드저니' 같은 생성 AI 서비스가 등장하며 AI와 효과적으로 이야기하는 법이 중요해진 것이다.
AI에 지시를 내리는 것에 기술이 왜 필요하냐고 반문할지 모르지만, AI는 지시어의 형용사나 부사 하나에 따라 완전히 다른 결과물을 내놓는다. 사람이 볼 땐 몇 단어만 다를 뿐 전체 맥락으론 동일하지만, AI 입장에서는 그 차이로 인해 기존보다 월등한 품질의 결과물을 내놓는다. 예컨대 '꽃밭에 서 있는 연인을 그려 달라'고 지시할 경우, 이 지시문에 '생생하게'나 '화려하게' 같은 형용사를 넣느냐에 따라 완전히 다른 풍의 그림이 나온다.
테크 업계에선 AI가 보편화되면서 프롬프트 엔지니어링이 더욱 각광받을 것이라고 본다. 미래에 사람 못지않은 판단력과 지성을 가진 AGI(Artificial General Intelligence · 범용 인공지능)가 나오기 전까지 AI와 대화하고 지시하는 수준에 따라 AI 활용성이 달라질 수 있기 때문이다. 지금까진 인터넷 활용도에 따라 정보 · 지식의 접근성에 차이가 났다면, 이젠 프롬프트 엔지니어링 기술에 따른 AI 활용성의 차이가 지식 격차를 불러올 것이라는 관측도 나온다.
테크 기업들은 벌써부터 AI와 대화를 잘하는 프롬프트 엔지니어를 채용하고 있다. 이달 초 구글이 5,000억 원을 투자한 미 샌프란시스코의 AI 스타트업

앤스로픽은 지난달 연봉 3억~4억 원 수준의 프롬프트 엔지니어 · 데이터 라이브러리 관리자 채용 공고를 냈다. 미국의 프리랜서 고용 플랫폼인 업워크에도 프롬프트 엔지니어를 찾는다는 공고 7개가 올라왔다. 아예 그림 그려주는 AI에 집어넣어 멋진 그림을 만들 수 있는 프롬프트를 돈을 주고 거래하는 온라인 사이트도 생겼다. AI와 대화를 잘하면 돈을 벌 수 있는 셈이다. 미 시사주간지 애틀랜틱은 "직업의 미래는 AI와 얼마나 잘 대화할 수 있는지에 달렸다"고 했다.

프롬프트 엔지니어링이란 말은 불과 1년 전만 해도 없던 말이다. 하지만 세상이 바뀌는 속도는 날이 갈수록 빨라지고 있다. 인간이 20년간 정보를 습득하는 보편적 수단이었던 인터넷 검색에 챗GPT가 적용되며 AI 검색 시대가 열린 것이 대표적 사례다. 예상보다 더 빨리 더 많은 직업이 영향을 받을 것이고 우리 삶의 모습이 바뀔 수 있다. 아직은 멀었다고 생각했다간 거센 변화의 물결에 휩쓸려 갈 것이다(출처 : 조선일보).

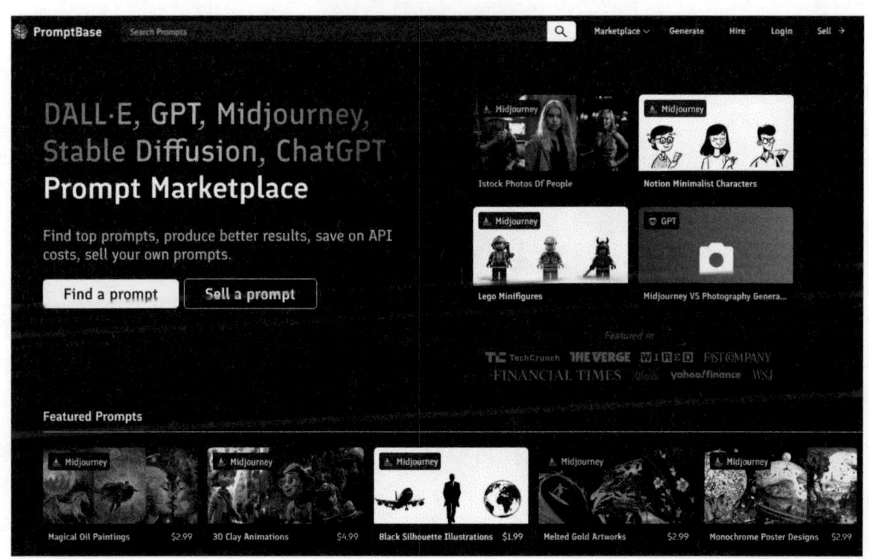


출처 : 프롬프트 거래 전문 사이트 "프롬프트베이스"

# 08 IT기술과 융 · 복합화산업

## (1) 지역별 전문성 규제자유특구 지정

최근에 각 지역별로 기존의 산업을 고려하여 규제자유특구를 정부에서 지정하여 전문화한 것으로, 단계별 지역 발전을 위한 지정한 현황이다.

**그림 2-17** 규제자유특구 지정을 1차 2019년부터 2021년 11월까지의 전국 현황

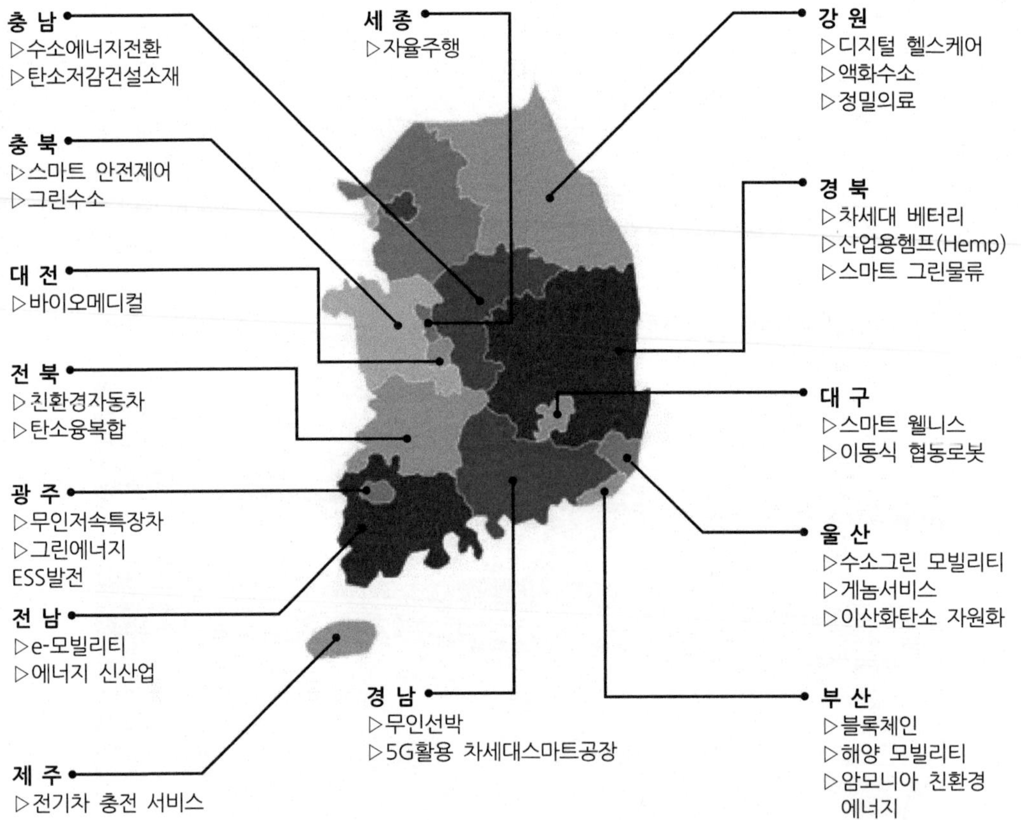


코로나19 감염, 글로벌 공급망 위기, ESG경영(환경 · 사회 · 지배구조) 확산 등 산업계의 급격한 변화로, 기업들은 소프트웨어 기반 AI(인공지능), 빅데이터, 클라우드, IoT(사물인터넷) 등 디지털 신산업에 대응을 하고 있다.

이러한 시장과 산업구조의 빠른 변화는, 제조 · 서비스업 중심으로 발전해온 지역경제에는 위험 요인이며, ITC(정보통신기술) 기업을 중심으로 수도권에 집중 강화, 자금과 인적자원 공급 측면에서는 수도권과 지역 격차는 커지고 있는 실정이다.

또한, 소프트웨어 융합클러스터에서 기업과 인재가 필요한 지역 디지털 역량 강화를 위한 네트워크 구성으로, 다음 표 2-2와 같다.

**표 2-2** 지역별 소프트웨어 융합클러스터 구축에 따른 역량 강화

| 지역 | 단계 | 주요 특징 | 클러스터 구역 |
|---|---|---|---|
| 1. 인천 송도 - 바이오 정보 서비스 | 2단계 | • 라이프로그 중심 공공/사업 데이터를 활용한 신서비스 창출<br>• 신서비스 기반 글로벌 기업 육성 | • 제물포지구, 송도구<br>• 입주기업 수 : 597개사, 종사자 수 : 5만 8,434명 |
| 2. 충남 천안 - 융복합 디스플레이 | 1단계 | • 소재-부품-모듈-완제품-서비스로 이어지는 완성형 생태계 구축을 위한 지역 특화 산업 강화 | • 아산시, 천안시 일원<br>• 입주기업 수 : 1,009개사 종사자 수 : 1만 9,2001명 |
| 3. 충북 청주 - 지능형 반도체 | 1단계 | • 지능형 반도체 기반 SW융합 제품 및 제조혁신 서비스 발굴<br>• 반도체 SW융합 전문인력 양성을 통한 기업 경쟁력 강화 | • 충북 청주, 진천, 음성<br>• 입주기업 수 : 557개사, 종사자 수 : 3만 7,221명 |
| 4. 전북 전주 - 스마트 농생명 | 2단계 | • 스마트 농생명+DNA를 통한 데이터 기반 서비스 플랫폼 구현<br>• 비즈니스 서비스 플랫폼 기반 사업화 촉진을 통한 농생명 SW융합 신서비스 창출 지원 | • 전주첨단복합산단지구 등 4개 지구, 익산식품클러스터단지 등 4개 지구<br>• 입주기업 수 : 557개사, 종사자 수 : 3만 7,221명 |
| 5. 대구 · 제주 - 스마트 시티 | 1단계 | • 도시 데이터를 기반으로 한 스마트 시티로, AI, 클라우드, 빅데이터, IOT 등의 SW핵심 기술이 기반이 된 SW 융합 서비스산업 성장 | • 대구 수성알파시티 제주첨단과학기술 국가산업단지<br>• 입주기업 수 : 305개사, 종사자 수 : 7,472명 |
| 6. 강원 춘천 - 관광테크 | 1단계 | • ICT융합 기반 지능형 관광생태계 및 클러스터 조성 | • 강원시 춘천시 박사로 854 일원<br>• 입주기업 수 : 52개사, 종사자 수 : 77명 |
| 7. 경북 포항 - 모빌리티 | 2단계 | • D.N.A 기반 모빌리티 서비스 상용화 플랫폼 구축<br>• 모빌리티 중심 지역 주력산업 간 융합 생태계 조성 | • 경상북도(포항, 경산, 구미, 경주, 영천, 김천, 칠곡)<br>• 입주기업 수 : 1,185개사, 종사자 수 : 2만 6,500명 |
| 8. 울산 남구 - 친환경 자율 운항 선박 | 1단계 | • 친환경/자율운항선박 글로벌 생태계 조성<br>• 친환경/자율운항선박 분야 미래 시장선정 Hub역할의 클러스터 조성 | • 울산테크노일반산업단지<br>• 입주기업 수 : 907개사 종사자 수 : 6,406명 |

| 지역 | 단계 | 주요 특징 | 클러스터 구역 |
|---|---|---|---|
| 9. 부산 센텀 - 스마트 물류 | 2단계 | • 스마트 물류산업 육성을 통한 물류 서비스 선도 도시 구현<br>• 선순환 스마트 물류 산업 생태계 조성 및 비즈 플랫폼 구축 | • 센텀시티 일반산업단지 석대 첨단산업단지<br>• 입주기업 수 : 2,312개사 종사자 수 : 1만 7,974명 |
| 10. 경남 창원 - 지식친화형 기계설비산업 | 1단계 | • '기업+기술+산업' 동시 지원, 지식 진화형 SW융합클러스터 구축<br>• 기계설비 SW융합 서비스 및 사업화 지원 | • 경남테크노파크 정보산업진흥본부<br>• 창원국가산업단지, 마산자유무역지역<br>• 입주기업 수 : 3,060개사 종사자 수 : 12만 8,488명 |

## (2) 지능정보기술과 산업기술의 융합

인공지능, 빅데이터, IoT, 모바일, 클라우드를 중심으로, 지능형 로봇, 유전체 분석, 커넥티드 홈, 3D 프린팅, 웨어러블(착용 가능), 자율주행 자동차, 블록체인, 스마트 도시, 스마트공장, 체내 삽입형 기기, 등으로 인간에 편리하고, 도움이 되는 산업기술이 응용이 되어 실용화가 되고 있다.

**그림 2-18** 지능정보기술과 다른 산업기술의 사회 전반적인 융합의 예

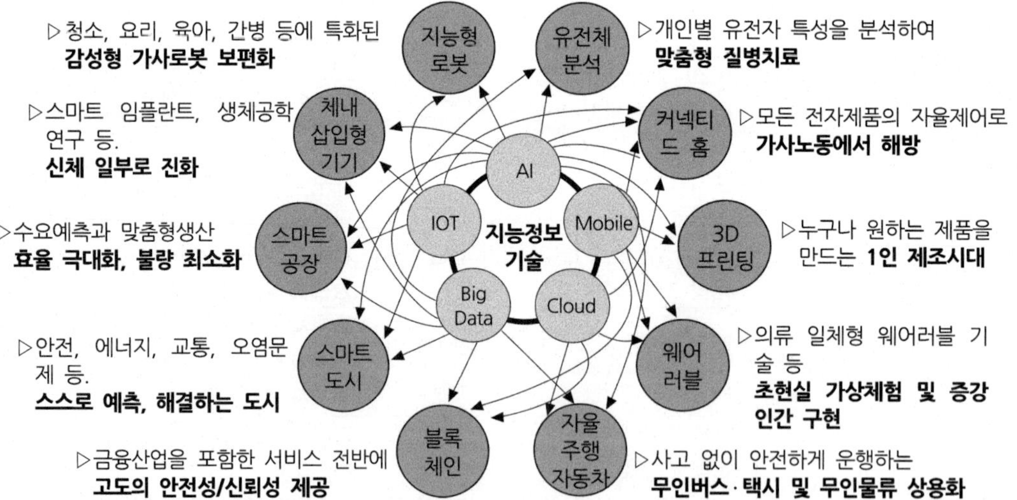


## (3) 지능형 로봇의 지원과 활용

스마트공장에서 적용하는 로봇 활용 지원의 상세한 내용으로, 다음과 같은 4가지의 관리

항목에 역점을 두면서 관리를 해야 한다.

로봇의 관리 부문은 넓은데, 초기 투자에 대한 경제성 검토, 효용성과 가성비, 활용상에서 가동률, 유지관리, 부대설비의 확보, 사용자들의 숙련 익히기, 프로그램 티칭, 사용상의 안전과 위험성 배제, 여유분 부품(소모품), A/S문제 등의 평소 관리가 잘 되어야 투자의 효율과 수익성을 얻을 수 있다.

**표 2-3** 로봇활용 지원 4가지 관리 포인트

| 지원 분야 | 내 용 |
|---|---|
| 로봇활용<br>공정설계 | 제조업용 로봇을 생산 공정에 적용하기 위한 툴 및 전기장비 등 로봇시스템 설계<br>- 공정을 고려한 로봇 시스템 선정 및 설계(로봇엔지니어링) |
| 로봇시스템<br>설치 및 시운전 | 로봇엔지니어링 결과물을 기반으로 현장 맞춤형 로봇 도입<br>- 로봇 및 부대설비 제작<br>- 로봇 설치 및 시운전 |
| 로봇활용<br>교육지원 | 로봇도입 기업을 대상으로 로봇 운용에 필요한 교육 실시<br>- 로봇시스템 유지보수 관련 교육<br>- 로봇 제어기 활용교육 등 기초 및 사용자 교육<br>- 사업장 안전 설계 전문인력 교육 |
| 산업용 로봇<br>안전검사 지원 | 로봇도입 기업을 대상 산업안전검사 지원<br>- 위험성 평가 보고서 지원 등 안전검사 지원 |

자료 : 중소벤처기업부

# 제06절 탄소중립(Carbon Neutral) 경영이란 무엇인가

## 01 탄소중립의 도입과 환경관리에 기여하기

### (1) 탄소중립의 의미

탄소중립(Carbon Neutral, 지구온난화 가스 배출량 실질 제로)은, 탈(脫)탄소를 의미하며, 탄소 발생을 억제하거나 없애는 방안으로, 즉 이산화탄소($CO_2$)의 배출량을 흡수량으로 상쇄해 실질적인 $CO_2$ 배출량을 '**제로**'로 만들기 위한 대처는 광범위하며, 실현에 필요한 기술 또한 매우 다양하다. $CO_2$가 대기 중으로 방출되는 타이밍은 제조업의 직접적인 사업활동에만 한정된 것은 아니라고 보며, 제품의 제조과정 뿐만 아니라, 원재료 생산부터 제품의 폐기처분에 이르기까지 서프라이 체인(Supply-chain) 전체에 파급되고 있는데, 관망적인 태도를 취하던 기업들도 서둘러 대책을 세우며, 탄소중립을 비용이 아닌 기회로 전환하기 위해서 힘을 쓰고 있고, 정부도 적극적인 지원을 하고 있는 실정이다.

또한, 대기 중으로 $CO_2$를 방출을 줄이는 것만이 대책이 아니라, 화석연료를 최소 소비하지 않고 순환을 실현하는 것이 탄소중립의 본질적인 의의가 있다고 본다. 그 성패의 관건은 '**줄이는 기술**'이다. 제조업계에서는 투명한 활동과 편리한 사회를 양립시키는 기술 및 제품 개발을 통해 사업으로 확대시킬 수 있는 좋은 기회라 할 수 있다.

### (2) 서프라이체인 전체에 요구되는 탄소중립[탈(脫)탄소]

① 탄소중립의 실현을 위해서는 크게 두 가지 측면에서 생각할 필요가 있는데, '**하나는 어디에서 $CO_2$ 배출량을 감축할 것인가**'이고, 다른 하나는 '**어떤 방법으로 $CO_2$ 배출량을 감축할 것인가**'이다.

② $CO_2$ 배출량 감축이라 하면, 제조업계에서는 공장 등 제조 단계에서 실행하는 것으로 생각되지만, 사용되는 재료와 에너지의 생산 단계와 제품이 사용되고 있을 때에도 $CO_2$는 배출된다. 따라서, 자사의 대처가 어떤 단계에서의 $CO_2$ 배출량 감축에 공헌할 수 있을지에 대한 판단도 필요하다.

③ 한편, 탄소중립을 위한 각 회사의 대처는 $CO_2$ 발생량을 줄이는 것 외에도 있다. $CO_2$

를 분리, 회수해 이용하는 방법, $CO_2$의 배출권 구입과 같은 카본 오프셋(Carbon Off set)의 활용도 검토해 볼 필요가 있다.

### (3) 배출 타이밍을 3가지로 분류하여 관리

① 우선 어디에서 '**어디에서 $CO_2$ 배출량을 삭감할 것인가**'라고 하는 측면에 대하여 살펴보면, 최근에 제품의 라이프사이클 전체에서의 환경 부하를 평가하는 LCA(Life Cycle Assessment : 라이프사이클 평가)가 확산되고 있어, 유럽에서는 이 LCA에 의한 규제 강화 논의가 본격화되고 있다.

② LCA를 실시하는데 있어서 세계적으로 확산되고 있는 것이 서플라이체인(Supply-chain) 배출량이라는 사고방식이며, $CO_2$의 배출을 3단계로 분류하고 있다.

③ 공장에서의 화학연료의 연소 등 사업자 측에 의한 온실가스를 직접 배출(Scope1) 전력 등 타사로부터 공급받은 에너지 사용에 따른 간접 배출(Scope2), 그리고 Scope 1, Scope2 이외의 간접 배출(Scope3)의 3단계이다.

④ Scope1과 Scope2의 대책으로 이미 '**설비의 전동화**' 공장 · 오피스의 절전 · 성(省)에너지' 등을 추진하고 있는 기업도 있다. Scope2에 관해서는 에너지 사업자 측의 탈탄소화를 위한 대처에 기댈 수밖에 없는 부분도 많지만, 액체 암모니아($NH_3$)를 연료로 사용하여 안정적인 연소 기술을 개발하는 연구기관이 늘어나고 있다.

⑤ 근간에 각 기업이 주력하기 시작한 것이 Scope3, 특히 제품 사용 시의 $CO_2$ 배출량 감축이다. 건설기계들의 전동화를 추진하고 있는 것도, Scope3를 감안한 것이다. 사용 시의 $CO_2$ 배출량 감축이라고 하는 점에서 선행하는 자동차업계에서는 전동화뿐만 아니라, 바이오 연료 등 새로운 탄소중립 연료에 대한 관심도 높아지고 있다.

⑥ Scope3에는 또한, 한 가지 중요한 요소로, 서프라이 체인의 상류에 해당하는 '**재료**' 이다. 화학연료 유래의 원료를 사용해 제조 시에 대량 에너지를 소비하는 재료를 채택한다면 $CO_2$ 배출량을 삭감할 수 있다.

## 02 탄소중립의 회수 · 재사용 및 배출권 거래

탄소중립의 실현에서 생각해야 할 중요한 또 하나 측면이 $CO_2$ 배출량을 '**어떻게 감축할**

것인가'이다. '배출하지 않는다(배출량을 줄인다)'와 '배출한 $CO_2$를 회수 · 재이용한다' 중에서 어느 한 쪽을 선택해야 하는 것이다.

앞에서 설명한 봐와 같이, 전동화나 성(省)에너지의 활용을 들 수 있는데, 대기업들이 실시하고 있는 자가 탁송처럼 재생에너지를 저렴하고 안정적으로 사용하기 위한 유저(User) 측의 대처도 있다.

① 향후에, 많은 주목을 받게 될 것으로 보이는 것이 $CO_2$를 분리 · 회수하는 방법이며, 이것은 $CO_2$를 회수하여 메탄가스를 생성하는 기술로, 열에너지를 사용하지 않고 배기가스로부터 $CO_2$를 분리 · 회수할 수 있는 여과막을 탄소섬유로 실현했고, 태양광과 $CO_2$로부터 유용 물질을 생성하는 인공 광합성에서는 선진기업들이 장치의 대형화와, 변환 효율의 기술 향상을 위한 연구가 추진하고 있다.

② 한편, 자사의 활동만으로 감축할 수 있는 $CO_2$ 배출량에는 한계가 있어, 그래서 나온 것이 '배출권의 구입'이나 '산림(山林)의 식수' 등에 의해 간접적으로 감축 및 흡수를 하는 수단이다. 사업 활동에서의 $CO_2$ 배출량의 70% 이상이 조달 부품에 의한 것이라고 하는 한 기업에서는 자조적인 노력만으로 절감할 수 없는 $CO_2$에 대해서는 카본 오프셋을 적극적으로 이용하고 있다.

## 03 탄소중립 감축기술 방안의 예시

① **재생에너지 자가 탁송**으로, 부지 외의 '**소(牛) 축사**'에서 발전(發電)하여 공장으로 송전, 싸고 안정적인 재생에너지 전력을 확보하는 것으로, '**자가탁송**'이란 저비용으로 재생가능 에너지를 이용하는 면에서, 원격지에서 자가발전을 한 전력을 전력회사의 송전 전망을 이용하여 자사의 사무실이나 공장에 송전하여 사용하는 것이다. 이 탁송의 특징은 자사의 소유가 아닌 장소에서, 자사 소유가 아닌 태양발전 패널을 사용하고 있다는 점이다. 이렇게 하여 $CO_2$의 배출량을 삭감하자는 것이다.
이에 따른 실행 조건이, 태양광발전 패널의 장소도 소유주도 사외가 될 수 있고, 정밀도가 높은 발전량 예측이 필요로 하며, 재생에너지 활용은 경제적인 면에서도 유효하고 본다.

② **인공 광합성**으로, 태양광을 세계 최고의 효율로 변환하여, 2030년 무렵에는 1m 까지

전극을 대형화 하는 것으로, 한 연구기관에서는 태양광과 이산화탄소($CO_2$) 및 물($H_2O$)에서 포름산의 나트륨을 합성하는 인공 광합성 기술로 태양광에서 포름산으로의 에너지 변환효율 7.2%를 실현했다는 연구 결과도 있다.

③ **$CO_2$의 분리막 적용**에서는, 이 방식은 열을 사용하지 않고 고효율로 분리하여, 수처리막과 탄소섬유를 융합화한 것으로, 생산 공장 등에서 배출되는 가스로부터 이산화탄소($CO_2$)를 분리하여 회수할 수 있는 탄소섬유로 만든 여과막이 개발되었으며, 물의 정수기에서 사용하는 중공사막(中空砂漠) 필터와 비슷한 구조로 $CO_2$로 분리한다는 것으로 "**수처리 분리막의 연구로 쌓은 다공질체 기술과 탄소섬유 기술을 응용한 연구**"로, 이것은 기존의 $CO_2$ 분리막(제올라이트)에 비해 가늘고 유연성이 높아서, 체적당 $CO_2$ 투과량 및 제조비용 면에서는 뛰어난 기술이다.

이 기술의 제조 조건은, 기공(氣孔)의 크기와 두께를 최적화해야 하며, 원가적인 면에서는 5배 고성능으로 10배 이상 저렴하며, 소형 플랜트에서 적용하여 확산하는 공략이 필요로 한다.

④ **$CO_2$의 순환**으로, 생산 공장으로부터 배출되는 가스를 연료로 사용할 때, 메탄가스를 생성하여 재사용하자는 것으로, 공장이 배출하는 이산화탄소($CO_2$)를 회수하여 메탄가스를 생성하는 기술 개발이 추진되고 있어, $CO_2$의 순환 연구로 향후 15년 이내 탄소중립을 달성하고자 하는 연구가 계속되고 있다.

이 기술의 전제 조건으로는, 수소와 이산화탄소를 합성하는 방법과, 3영역에서 배출제로로 하는 것이 목표이다.

⑤ **비이오 플라스틱**으로, 연두벌레로부터 플라스틱을 제조하여 원료 비용을 1kg당 1천원 정도에 도전한다는 것으로, 탄소중립을 위해 녹조류의 일종인 연두벌레(학명 : 유글레나)를 사용한 '**연두벌레 수지(樹脂)**'의 연구개발이 가속화되기 시작하여, 근간에 선진국에서는 바이오 벤처 유걸레나 관련 협의체가 구성되어, 배양액 및 원료, 중간재의 규격화를 목표로, 향후 10년까지 연간 20만 톤의 규모를 공급한다는 계획이 수립되어 있다는 것이다.

이 기술의 개요는, 연두벌레 유래의 다당류 응용과, 실용화를 위한 연구를 가속하며, 원료 가격을 1,000원 대에 도전한다는 기술이다.

⑥ **수소환원 제철방식**으로, 차세대 용광로(고로)로 $CO_2$ 30% 감축으로, 2030년에 실제 기기화를 목표로 연구되고 있다. 대기업의 철강회사가 용광로에서 이산화탄소($CO_2$) 배

출량 삭감에 한층 더 힘을 쏟기 시작하여, 철을 제조하는 용광로는 대량의 $CO_2$를 배출하고 있어, 이러한 단계부터 업계 차원에서 $CO_2$ 배출량 삭감을 위한 기술에 도전하고 있다.

그 중 하나가 용광로로부터 배출 가스에 포함되는 $CO_2$의 30% 삭감을 목표로 하는 프로젝트로, 선진사들이 신에너지에 대한 연구가 진행되고 있는데, 이 기술의 주된 조건은, 코크스를 줄이고, 수소를 주입하여 용융하며, 용광로 속의 현상을 고정밀도의 수학 모델로 재현하며, 수소환원 제철방식으로, 궁극적인 목표는 코크스가 불필요로 하게 되는 목표이다.

⑦ 액체 암모니아 연소방식으로, 기류 제어로 화염을 안정화로, 가스터빈 연료로 이용할 수 있게 하는 방식으로, 액체 암모니아($NH_3$)를 연료로 직접 연소시켜 화염을 안정화시키는 기술로, 액체 암모니아를 연료로 하는 가스터빈 개발도 병행하면서, 암모니아는 수소의 수송, 저장 등을 담당하는 수소 케리어로서 주목받고 있어, 연소시켜도 이산화탄소를 발생하시 않는 친환경 연료로 이용되고 있고, 암모니아를 화력발전소 가스터빈의 연료로 이용하는 길이 열릴 것이다.

이 기술의 조건은, 저비용으로 사용할 수 있는 액체 암모니아로, 암모니아 연소의 기술 과제 해결이 있고, 이러한 기술과 가스터빈 엔진이 개발된다면 상용화로 될 수가 있다.

⑧ 사업 추진방향 및 목표

제조사업장에 다수 보급되어 있는 고탄소 공정 · 설비의 저탄소 전환에 필수적인 3대 분야에 대하여 산 · 학 · 연 지원을 통하여 다양한 산업群에서 활용 가능한 공통 핵심 기술을 개발하기 위해서는,

㉠ 저탄소 공정 전환 新(신)촉매 기술 개발,

㉡ 저탄소 공정 전환용 新소재 기술 개발,

㉢ 에너지 효율향상 기술 융합 新설비 제조기술 개발 등이 있다.

**표 2-4** 공통 핵심기술 개발 준비

| 구 분 | 주요 내용 |
|---|---|
| 新촉매 | 미활용되는 고상 · 액상 탄소원 활용 또는 대기로 배출되는 온실가스 포집의 경제성 향상을 위하여 필수적인 신촉매를 개발 |
| 新소재 | 저탄소 전환 공정에 필요한 단열 · 내열 · 내식 등의 기능성 소재, 에너지 절감 소재 및 CCUS 등 신기술에 필요한 신소재 개발 |
| 新설비 | 저에너지 설비임에도 불구하고 고에너지 설비 대비 높은 제조 가격으로 인하여 중소사업장용 설비 기술개발이 미진한 저에너지 기술 이용한 신설비 제조 기술개발을 추진 |

**표 2-5** 신규 사업의 중점기술의 개요

| 주요 과제(중점기술) | 개 요 |
|---|---|
| ① 무탄소 가연성 가스의 산업용 에너지로의 활용을 위한 연소기술 | 핵심기술 : 무탄소 가연성 가스 연소기, 무탄소 가연성 가스 연소기 연계 고효율 열교환시스템<br>- 연료 혼소 및 수소 전소 연소기 구조 개발, 고온수소 화염대응 저 NOx 연소기술, 무탄소 가스 취성 고려 연료 공급 구조 개발, 무탄소 하이브리드 연료 완전산화 와류형 연소 구조 개발, 무탄소 하이브리드 가스 부식성 대응, 연소기 재료 및 구조 설계, 배기가스 내고수분 대응 고효율 열교환 모듈 설계 등 |
| ② 무탄소 가연성 가스의 안정적 연소를 위한 계측 및 제어 기술 | 핵심기술 : 무탄소 연료 연소 시 화염진단 센서, 무탄소 연료 누출감지 센서, 모니터링 연계 연소시스템 제어 기술<br>- 무탄소 연료 혼소/전소 조건 화염감지 복합센서, 연소상태 모니터링 기술, 대상 무탄소 가연성 가스 감지 및 검출 기술, 저장 및 이송 모니터링 기술, 모니터링 연계 저공해 운전 제어 기술, 가스 누출시 공정 비상제어 로직화 기술 등 |
| ③ 무탄소 연료별 맞춤형 배출 오염물질 저감 촉매 제조기술 | 핵심기술 : 대기오염물질(NOx) 제어를 위한 촉매담체 형상 설계기술, 관련 소재 개발 및 코팅기술, 다양한 용도 확대 활용을 위한 환경촉매 제조 기술<br>- 반응 면적 극대화 복잡 · 소형화 촉매담체 형상 설계, 3D 프린팅 담체 생산기술, 구조 내구성 확보, 복잡 · 소형화 담체로의 촉매물질 코팅, 연소 배가스의 배출 조건에서 고활성 촉매 제조, 다품종 소량생산 대응 촉매제조 공정 단순화 등 |
| ④ 무탄소 연료 기반 대기오염 배출 예측 선제 대응 및 에너지 이용 통합 제어 기술 | 핵심기술 : 배출 예측 선제대응 시스템 설계 기술, 에너지 최적이용 기술개발, 대기오염배출 통합제어 기술<br>- 센서 및 딥러닝을 통한 오염물질 배출량 예측 모니터링 기술, 대상 공정 실시간 에너지 정보 수집 및 성능 분석 기술, 실시간 배출농도 예측 및 에너지 이용추이 분석 등의 대기오염배출 통합 제어 기술 등 |

# 제07절 운송수단의 발전과 미래 전망

## 01 미래의 운송 수단

운송수단의 변천사를 보면 산업혁명 이전에는 마차, 1차산업시대는 증기기관차, 2차산업시대는 내연기관 자동차였다.

그러나, 100여 년간 화석연료 사용으로 운송시장을 장악했던 내연기관 자동차가 2035년이 되면 선진국에서 사라지게 된다. 이산화탄소배출로 지구온난화의 주범인 내연기관이 퇴출되기 때문이나 대신에, 상대적으로 이산화탄소 배출이 적은 전기자동차나 수소전기자동차 등이 발전하고 있다.

따라서, 내연기관과 에너지원이 다른 전기자동차와 수소전기차의 발전이 예상되며, 또한, 자율운행자동차의 발전으로, 직접 운전하는 시대가 종말이 될 것이다. 다음 그림 2-19는 운송수단의 발전으로 미래에는 달라질 것이다.

**그림 2-19** 운송수단(차량)의 발전 과정과 미래상

| 구분 | 도 로 | 해 운 | 철 도 | 항 공 |
|---|---|---|---|---|
| 산업혁명 이전 |  |  |  |  |
| | 마차 | 범선 | 마차(BC 2000) | |
| 1차산업 혁명 |  |  |  |  |
| | 승용증기자동차 | 증기선 | 증기기관차 | 라이트형제비행기 |
| 2차산업 혁명 |  |  |  |  |
| | 내연기관자동차 | 내연기관선박 | 디젤기관차 | 내연기관비행기 |

| 구분 | 도 로 | 해 운 | 철 도 | 항 공 |
|---|---|---|---|---|
| 3차산업 혁명 | 전기/수소자동차 | 초고속 선박 | 고속철 | 초음속 여객기 |
| 4차산업 혁명 | 자율운행자동차 | 대형 위그선 | 자기부상열차 | 전기비행기 |

## 02 전기자동차

전기자동차(Electrically Propelled Vehicle)는 이차전지 또는 연료전지 등으로부터 공급받은 전기에너지를 차량의 구동 동력원으로 사용하는 자동차로 정의하며, 전기와 엔진동력을 동시 또는, 선택적으로 사용하는 하이브리드자동차를 포함하는 것을 전기자동차라 한

**그림 2-20** 전기구동차의 종류 및 특징

| 구 분 | BEV | FCEV | PHEV | HEV |
|---|---|---|---|---|
| 명칭 | 순수 전기차 | 수소전기차 | 플러그인하이브리드 차 | 하이브리드 자동차 |
| 구조 |  |  |  |  |
| 구동원 | 모터 | 모터 | 모터(주)+엔진(보조) | 모터(보조)+엔진(주) |
| 에너지 | 전기(배터리 저장) | 수소→전기 | 전기+화석연료 | 전기+화석연료 |
| 특징 | 배터리 저장 에너지로 주행 | 수소를 연로로 전기 생산 | 외부전원으로 배터리 충전 가능 | 외부전원으로 배터리 충전 가능 |

출처 : BEV(Battery Electric Vehicle), FCEV(Fuel Cell Electric Vehicle) PHEV(Plug-in Hybrid Electric Vehicle)

다. 그림 2-20은 전기구동 자동차의 구분이다.

## 03 미래의 자동차

에너지원으로 보면 내연기관 자동차가 2035년부터 등록이 안되므로 전기자동차나, 친환경자동차인 수소전기자동차가 지구온난화 방지를 위해 발전하고 있다.

또한, AI(인공지능)의 발달로 자율운행자동차가 현재, 2단계에서 완전한 자율운행인 5단계 자동차가 실현될 것이다. 그리고 육지에서만 달릴 수 있어 교통 혼잡으로 인한 교통체증을 해결할 수 있는 플라잉카(하늘을 나는 자동차)가 곧 실현될 것이다.

## 04 플라잉카

### (1) 헬기 · 드론형

헬기와 유사한 프로펠러 로터(회전날개)를 이용하여 수직 이착륙을 할 수 있도록 만든 비행기로 별도의 비행장이 필요 없이 적당한 면적만 있으면 이 · 착륙이 가능하다. 그 특징을 열거해 보면,

① 빌딩 옥상에서 수직 착륙 가능

② 프로펠러나 로터 회전해 수직 방향으로 바람을 일으켜 동체 띄움 가능

③ 이륙 후엔 목적지까지 조종사 없이 자율비행 또는 원격조정 가능하여 대부 분 회사에서는 플라잉카를 개발하고 있다.

### (2) 경비행기형

이 · 착륙시 활주로에서 달리다가 날아가는 방식으로 일정거리의 활주로가 필요하다. 특징을 열거해 보면

① 경비행기처럼 활주로 주행하며,

② 가속도가 붙으면 날개 상하의 기압차이로 동체가 이륙한다.

③ 도로에 착륙하면 바로 주행도 가능하다.

그림 2-21 플라잉카 예

## 05 기타, 다방면의 운송 수단

육상, 해상, 공중에 필요와 목적에 따라 장치가 발전되어 가는 예이다.

| | 육 상 | 공 중 | 해 양 |
|---|---|---|---|
| 1차산업 | 무인농기계, 무인트랙터 | 방제무인헬기, 농업드론 | 무인양식, 어군탐지 |
| 운 송 | 자율주행차, 배송 드로이드 | 배송드론, 유인드론, 화물무인기 | 무인화물선 |
| 공공 서비스 | 소방, 재난 | 치안, 기상관측 | 해안환경 |
| 국토 및 인프라 관리 | 발전시설관리, 지하공간관리 | 전력선 관리, 교량관리 | 수상인프라, 수중인프라 |
| 촬영 및 오락 | 스포츠중계, 레이싱 | 촬영드론, 드론레이싱 | 수중관광, 수중촬영 |
| 미래국방 | 위험물제거, Robotic Wingman | 공격전투, 정찰감시 | 무인전투선, 자율잠수 |

무인 이동체 로드맵(2018)

# 제08절 메카트로닉스의 구성과 시스템 활용

## 01 메카트로닉스의 의미

메카트로닉스는 기계공학과 전자공학 그리고, 소프트웨어 공학이 생산 공정에 통합되는 것과 관련된 공학 분야를 포괄하는 하나의 새로운 분야로써, 제품의 설계 제조 및 유지 관리에 중점을 둔 엔지니어링이다. 이는 전혀 새로운 것이 아닌 오늘날 현대 공학에서 요구되는 더 발전되고 기능적인 새로운 것을 만들어 내기 위해 설계 과정에 정밀 기계공학을 포함한 컴퓨터, 전자 공학, 제어 이론의 최신 기법이 적용되어 있는 하나의 학문으로 자리 잡고 있다.

메카트로닉스 공학은 Industry 4.0에서 더욱더 높은 관심을 끌 것이며, 이와 관련하여, 항공, 우주, 가전, 의료기기, 제조, 방산, 소비재 생산과 관련된 설계 분야와 금융업, 에너지 전력 생산과 같은 여러 분야에 적용되고 있다.

공통분야로, Digital control system, Control electronics, Mechanical CAD, Electro-mechanics이 있으며, 제어(Control systems), 컴퓨터(Computers), 전기전자 시스템(Electronic systems) 및 기계(Mechanical systems) 분야가 있다.

**그림 2-22** 메카트로닉스의 분야

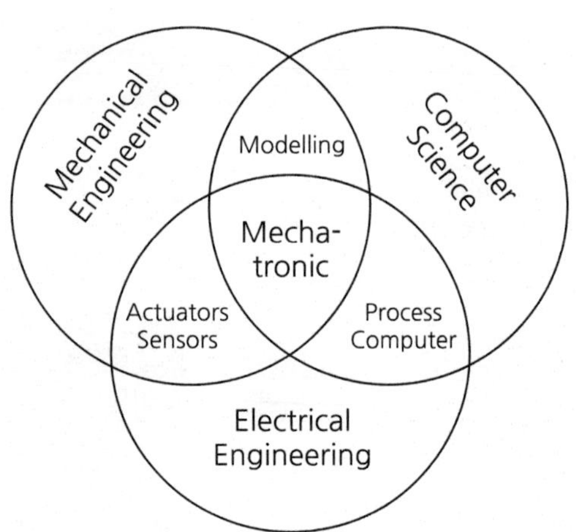

메카트로닉스라는 용어는 1969년 일본의 야스카와 전기회사의 한 엔지니어니 테츠로 모리(Tetsuro Mori)에 의해 최초로 사용하기 시작했으며, 이를 통해 기계와 전기 공학 분야의 용어 통합과, 기계와 제어 사이의 시너지효과를 설명하기 시작하여, 용어가 처음 만들어진 시점에 메카트로닉스의 의미는 단순히 전기가 흐르는 기계장치(메커니즘)을 의미하였으나, 1980년대 중반에 이르러서, 기계과 전자 공학사이의 경계인 하나의 공학으로 정립되기 시작하였다.

오늘날 메카트로닉스의 의미는, 여전히 기계와 전자기기의 통합을 의미하는 요소들이 많지만, 통신, 제어 기술의 발달과 더불어 소프트웨어 정보 기술이 포함되는 것으로 발전하였다. 설계 관점에서 시스템문제 해결에 대한 각 학문의 접근을 중요시 생각하며, 소프트웨어 개발과 운영에 대한 경계를 없애고, 오늘날 고도화된 산업 전반에 필요한 어렵고 복잡하며 보다 통합된 시스템을 운영하기 위해 필요한 학문으로 자리 매김하고 있다.

## 02 메카트로닉스의 응용

근래의 메카트로닉스 기술에 의해 설계된 기계나 기기들은 고도의 정보처리 기능과 고도의 운동기능이 융합하여 고도의 목적 기능을 수행할 수 있는 시스템으로의 역할을 수행하며, 그 대표적인 예가 자동차 및 로봇 시스템이며, 전자, 정보, 지능, 생체시스템 등 다양한 학문으로 응용 및 발전하고 있다.

메카트로닉스 공학은 인간이 수행하는 작업을 보조하거나 대체하기 위해 5가지 구성 요소를 가진다.

① 몇 개의 기계를 결합하여 원하는 운동을 하는 기구부,
② 기구의 운동 상태를 전기 신호로 변환하는 센서부,
③ 메카트로닉스계의 다양한 정보를 처리하는 제어부,
④ 기구에 힘을 가하여 작동시키는 서보부,
⑤ 메카트로닉스계의 동작을 위한 에너지부이다.

이런 구성요소들은 단순한 기계장치들을 메카트로닉스화 하여 기계장치만으로는 얻을 수 없는 고정밀화, 소형화, 고신뢰화 및 유연성 향상이 가능하게 되었다. 이는 메카트로닉스계의 두뇌라 할 수 있는 제어부의 기능이 소프트웨어로 프로그램화 되어 있어, 요구되는

다양한 작업 알고리즘을 프로그램 수정만으로 수행할 수 있기 때문이다. 이와 같은 특성으로 인하여 메카트로닉스 공학은 그 학문영역이 정보, 생명, 재료, 우주 항공, 마이크로 및 나노테크놀로지 등뿐만 아니라, 전자시스템, 정보시스템, 지능시스템, 생체시스템, 의료복지 등 다양한 학문 분야로의 응용을 통하여 발전해 나가고 있다.

정보통신 기술의 융합으로 이루어낼 4차 산업혁명 기반의 메카트로닉스 시스템은 기존의 폐쇄회로에 따른 제어를 넘어서 실시간으로 현재의 상태를 파악하고, 현 상황에 맞는 새로운 목표를 설정하여 자율적으로 보상하는 시스템으로 진화하게 되어, 생산 및 자동화 관련한 모든 데이터는 사물인터넷을 통해 클라우드 컴퓨터의 빅데이터로 구축되고, 인공지능 기술이 이 데이터를 이용하여 가장 적합한 디자인과 가공 조건을 결정하면, 인공지능에 의해 결정된 조건들에 맞는 제품 생산이나 자동화를 스스로 모니터링 및 분석하고 피드백을 통하여 구현할 수 있도록 설계되어야 한다.

따라서, 메카트로닉스 시스템은 인공지능형의 시스템이나 제품을 구현하기 위해 사물인터넷, 인공지능 기반의 시스템 구축으로 발전해 나갈 것이며, 그 대표적인 예가 지능형 로봇, 자율주행 자동차, 스마트 팩토리 등이다.

## 03 메카트로닉스의 적용 사례

### (1) 지능형 로봇와의 연관

지능형 로봇(Intelligent Robots)이란 외부 환경을 인식하고 스스로 상황을 판단하여 자율적으로 행동하는 로봇을 의미하며, 기존 로봇에 유비쿼터스 네트워크와 정보 기술 및 서비스 기술을 접목한 지능형 서비스 로봇의 새로운 개념으로, 여기서의 로봇은 물리적인 로봇에 그치는 것이 아니라 환경 내 곳곳에 내재된 센서로부터 생활 정보를 보내 주는 공급(Manipulation Function) 임베디드 로봇과 언제 어디서나 상황에 맞는 정보와 서비스를 능동적으로 제공하는 지능형 소프트웨어 로봇 등을 포함한다.

지능형 로봇은 용도별, 형태별 등 여러 가지 방법으로 분류할 수 있으며, 향후 응용 분야를 기준으로 가사 지원/실버 로봇, 교육/오락 로봇, 의료/헬스케어 로봇, 국방/안전 로봇, 해양/환경 로봇으로 구분할 수 있다. 지능형 로봇의 예로 우리가 흔히 접할 수 있는 것들이 많다. 현재 '집안의 비서'라고도 할 수 있는 인공지능 스피커, SK에 NUGU, 구글이 만든

'구글 홈', 샤오미 네트워크 스피커, 아마존의 '에코' 등 다양한 종류의 인공지능 관련 스피커들도 이에 속한다.

### (2) 자율주행 자동차와의 연관

자율주행자동차(Autonomous Vehicle)란 운전자의 개입 없이 주변 환경을 인식하고 주행 상황을 판단해 차량을 제어함으로써 스스로 주어진 목적지까지 주행하는 자동차를 말하며, 일반적으로 자율주행자동차와 무인자동차(Unmanned Vehicle, Driverless Car)의 용어가 혼재되어 사용되지만, 자율주행자동차는 운전자 탑승 여부보다는 차량이 완전히 독립적으로 판단하고 주행하는 자율주행 기술에 초점을 맞춘 용어이기에 운전자가 브레이크, 핸들, 가속 페달 등을 제어(조작)하지 않아도 도로의 상황을 파악해 스스로 목적지까지 찾아가는 자동차라고 할 수 있다. 정확하게는 무인자동차(driverless car : 운전자 없이 주행하는 차)와 다른 개념이지만 혼용돼 사용하고 있다.

자율주행차를 위해서는 고속도로 주행 지원 시스템(HDA, 자동차 간 거리를 자동으로 유지해 주는 기술)을 비롯해 후측방 경보 시스템(BSD, 후진 중 주변 차량을 감지, 경보를 울리는 기술), 자동 긴급 제동 시스템(AEB, 앞차를 인식하지 못할 시 제동 장치를 가동하는 기술), 차선 이탈 경보 시스템(LDWS), 차선 유지 지원 시스템(LKAS, 방향 지시등 없이 차선을 벗어나는 것을 보완하는 기술), 어드밴스드 스마트 크루즈 컨트롤(ASCC, 설정된 속도로 차 간 거리를 유지하며 정속 주행하는 기술), 혼잡 구간 주행 지원 시스템(TJA) 등이 구현되어야 한다.

우리나라에서는 2016년 2월 12일 자동차관리법 개정안이 시행되면서 자율주행차의 실제 도로주행이 가능해져, 현대자동차의 제네시스는 실제 도로주행을 허가받은 제1호차로 국토교통부가 지정한 고속도로 1곳과 수도권 5곳 등을 시험운행 중이다.

자율주행 기술은 인공지능 기술의 비약적인 발전으로 인해 빠른 속도로 발전하고 있다. 자동차 및 IT업계가 경쟁적으로 개발 중인 자율주행 시스템은 현재 이미 5단계 기술을 향해 가고 있으며, 2035년 무렵에는 5단계 자율주행 차량의 대중적 보급이 이루어질 것으로 전망하고 있다.

**그림 2-23** 자동차에 적용한 제어장치의 예

## (3) 스마트 팩토리와의 연관

스마트 팩토리는 설계 및 개발, 제조 및 유통 등 생산과정에 디지털 자동화 솔루션이 결합된 정보통신기술(ICT)를 적용하여 생산성, 품질, 고객만족도를 향상시키는 지능형 생산공장으로 공장 내 설비와 기계에 사물인터넷(IoT)을 설치하여 공정 데이터를 실시간으로 수집하고, 이를 분석해 스스로 제어할 수 있게 만든 미래의 공장이다.

과거에는 숙련된 작업자가 원료의 색깔을 보고, 혹은 설비의 소리만 들어도 경험적으로 무엇이 문제인지 알고 손쉽게 문제를 해결했다. 하지만 고령화에 따라 숙련공들은 점점 줄어들어 문제가 발생할 때 제대로 대응하기가 점점 어려워지고 있는 실정이다. 또한 제품의 라이프 사이클이 단축되고 있고, 맞춤형 대량생산으로 변화하면서 가볍고 유연한 생산 체계가 요구되고 있다. 이러한 상황에서 제조업 혁신을 위한 새로운 방안으로 부상하고 있는 것이 바로 "**스마트 팩토리**"이다.

제품을 생산하는 공정만 바뀐다고 해서 '스마트공장'이 되지 않고, 스마트공장은 제품 기획 · 개발부터 양산까지, 주문에서부터 완제품 출하까지 제조 관련 모든 과정을 말하며, 응용 시스템뿐 아니라, 현장 자동화와 제어 자동화 영역까지 공장 운영의 모든 부분을 포함한다.

# 제09절 축전에너지 기술이란

## 01 축전에너지 기술이란

### (1) 재생에너지

계속 사용해도 무한에 가깝도록 다시 공급되는 에너지 즉 태양열, 수력, 풍력, 조력(潮力), 지열(地熱) 등과 같이 자연계에 존재하는 에너지를 이른다.

### (2) 재생에너지 기술의 현황과 미래

석탄 및 석유 등 이산화탄소에너지가 고갈되어가고 있다. 산업혁명 이후 이산화탄소 농도는 증가하여 지구 온난화를 촉진하고 있는 것도 사실이다. 재생에너지 즉, 이산화탄소를 배출하지 않는 에너지가 각국에서 앞다투어 개발되고 있다. 특히, 우리나라는 석유 등 에너지원을 93% 정도 수입하고 있어서 신재생에너지 개발이 시급하다. 신재생에너지를 사용하면 에너지원 수입을 거의하지 않아도 되기 때문이다.

그러나, 우리나라는 신재생에너지 개발이 5% 내외이고, 선진국에서도 저조하다. 다음 주요 국가별 신재생에너지의 사용 비율은,

독일이 45%, 미국이 10%, 중국이 10%, 일본이 10%, 한국이 5%로, 낮은 비율이다. 특히, 수소에너지는 친환경에너지로서 개발에 성공해야만 지구 온난화 방지에 기여할 수 있고, 화석에너지를 재생에너지로 대체할 수 있는 길이다.

## 02 축전에너지 기술의 종류

재생에너지로는 태양열, 태양광, 바이오, 풍력, 수력, 지열, 해양, 폐기물 에너지 8개 분야이며, 신재생에너지는 연료전지, 석탄가스화/액화, 수소에너지로 구분할 수 있다. 아래 표 2-6은 재생에너지 종류를 나타낸 것이다.

**표 2-6** 재생에너지 종류

| 종 류 | 사 진 | 내 용 |
|---|---|---|
| 태양열 |  | 겨울에 열을 모아 물을 끓여서 온수나 난방에 사용 |
| 태양광 |  | 태양전지를 이용해 빛을 전기에너지로 변환 |
| 바이오 | 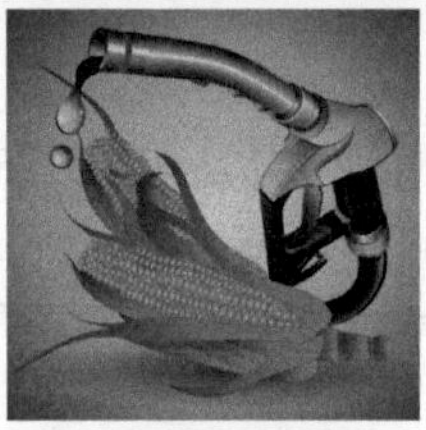 | 농림 부산물, 산업체 부산물, 유기성 폐기물 바이오매스로부터 생산 |
| 풍 력 |  | 바람이 풍차를 돌리면 날개는 발전기라는 전기 발생장치에 연결되어 전기를 생산함 |
| 수 력 | 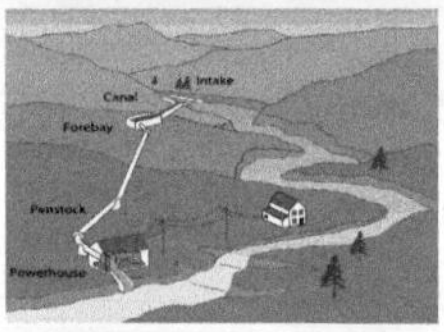 | 흐르거나 떨어지는 물의 힘을 이용 |
| 지 열 |  | 항상 온도가 일정한 지하의 온도차를 계절에 따라 온도가 변하는 냉난방에 이용 |
| 해 양 |  | 파랑, 조석, 조류, 해류, 해수의 온도차에 의한 에너지로 변환 |
| 폐기물 |  | 산업이나 가정에서 발생하는 각종 가연성 폐기물을 에너지로 변환 |

## 03 재생에너지 기술 응용과 실용화

재생에너지는 8가지 종류에서 보듯이 여러 형태로 응용하고, 실용화 하고 있다. 발전을 하고는 있지만, 자연의 일부를 파내야 하고, 에너지를 발생하기 위한 구조물의 수명이 다 했을 때의 부작용으로 발전의 한계가 있다.

이를 대체할 수 있는 수소를 사용하여 전기를 일으키는 신재생에너지가 발전하고 있어, 수소에너지의 원리는 수소가 엠블랙 막을 통과 시 전기가 발생하는데, 이를 극대화하여 자동차 등 에너지원으로 사용하는 것이다.

수소에서 전기를 일으키고 찌꺼기는 공기 중의 산소와 결합하여 물이 되는 핵심부품이 스택이다. 스택의 핵심 부품은 수소가 통과 시 전기를 발생하게 하는 엠블렘 막이다. 현재는 수입하지만 국산화 되면 저렴해질 것이다.

그리고, 찌꺼기로 나온 물을 분해하여 H(수소)를 싸게 생산하면 자동차는 물론 가정의 냉난방 및 취사, 기업의 전기까지도 스택 하나로 해결되기 때문에 화석에너지를 사용하지 않아도 되고, 무엇보다도 지구온난화를 방지할 수 있어서 빠른 속도로 발전할 것이다.

## 04 신재생에너지 기술의 개발

**그림 2-24** 수소에너지의 개요 스택(Stack)의 구성

신재생에너지의 대표주자는 수소연료전지 기술이다. 현재는 투자비용이 커서 상용차와 현대의 넥소승용차에 적용되고 있지만, 가격이 저렴하게 생산되면 승용차는 물론, 가정이나 공장에서 적용할 수 있어서 유망한 에너지원으로 자리 잡게 될 것이다.

### (1) 스택의 개요

약 1V의 단위전지 셀을 요구 전압만큼 직렬로 연결하여 수소연료전지에서 생성되는 열을 제거하기 위해 각 분리판 사이로 냉각수가 흐를 수 있는 구조이다. 현대자동차 넥소자동차의 경우가 약 440개의 셀로 구성되어 있어, 그림 2-25는 스택의 구성을 나타내고 있다.

**그림 2-25** 스택의 구성

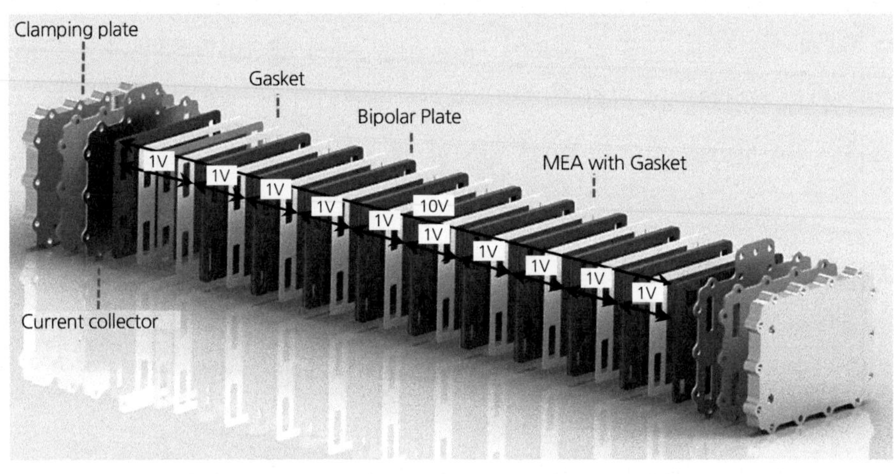


### (2) 수소전기차(FCEV)의 개요

전기자동차와 마찬가지로 모터를 구동하여 주행한다. 내연기관 엔진 대신 연료전지 스택과 구동모터, 수소저장장치 등을 갖추고 있다. 수소와 산소의 화학반응을 통해 전기에너지를 생산하고 구동모터로 동력을 생산한다.

그림 2-26은 수소전기차의 배치를 나타낸 예이다.

그림 2-26 수소전기차의 배치

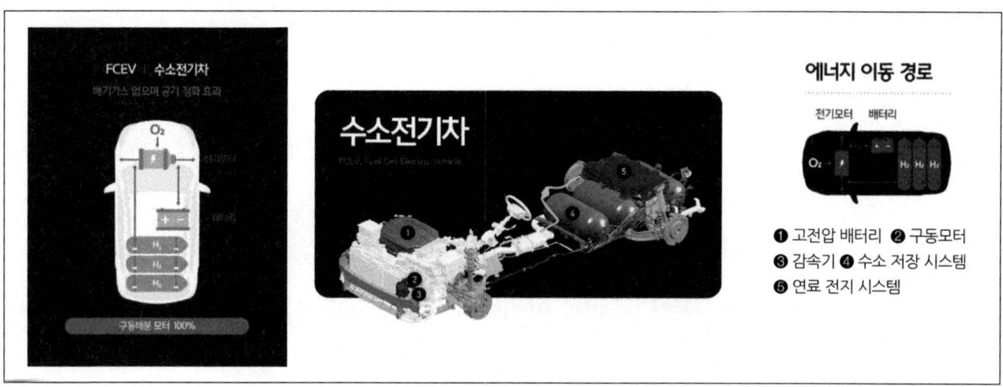


출처 : HMG저널-하이브리드부터 수소전기차까지, 친환경 전동차의 종류와 특징

## (3) 수소전기차의 작동원리

연료탱크와 공기시스템을 통해 얻은 수소와 전기화학반응을 일으켜 전기에너지를 만들어 바퀴를 구동시키는 모터를 구동하여 작동한다.

현대자동차의 넥소자동차의 연료전지 스택은 총 440개의 셀로 구성되어 있는 것이 대표적인 예이다.

# 제10절 원자력 에너지와 미래 전망

## 01 미래 에너지 원자력 기술의 현황

원자력 기술은 자원이 아닌 기술 중심의 에너지 공급 체계로, 지속 가능한 인류의 미래는 에너지와 환경이 이슈가 될 것임이 확실하며, 또한 전력은 경제 발전의 기반으로, 우리나라가 2009년 아랍에미레이트(UAE)와, 이집트에 원전 수출계획의 기술 수준은 세계적이라 볼 수 있어, 이에, 원자력 발전을 위해서는 끊임없는 뒷받침과 노력이 따라야 할 것이며, 기술자들의 미래 유망한 직종의 분야라 할 수 있다.

그림 2-27 한국의 원자력 발전소 현황

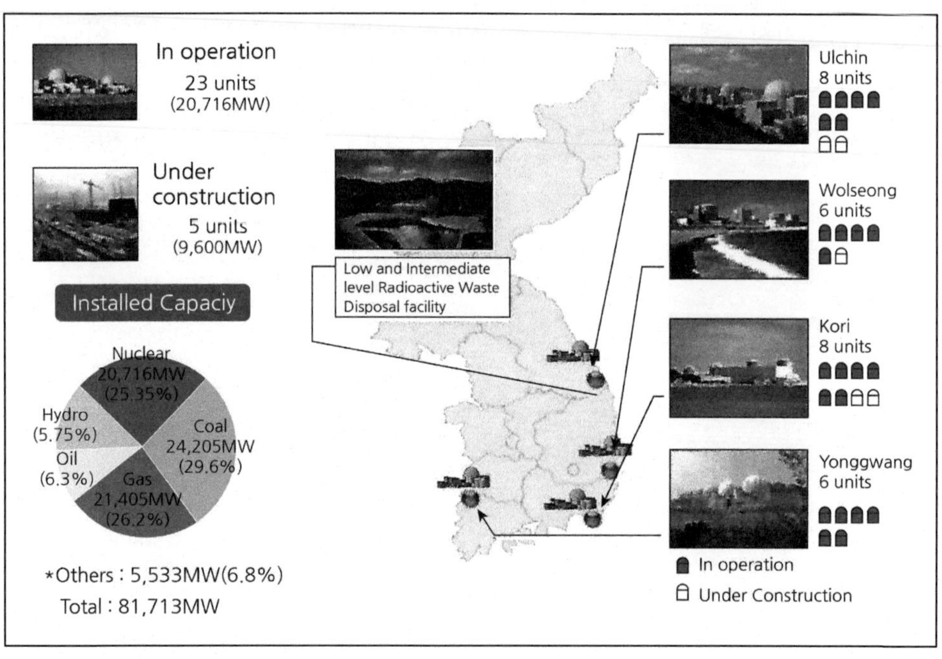


## 02 원자력 기술의 구분

원자력 설계 기술, 설비 제작 기술, 플랜트 건설 기술, 운영 평가 기술, 해체 기술, 중저준위방폐물관리기술, 고준위방폐물관리기술, 방사선관리 기술, 달리 분류되지 않는 관련 원자력 기술 등 최고급 기술과, 최고의 부가가치가 있는 산업 분야의 하나이다.

**그림 2-28** 원자력 발전의 기본원리

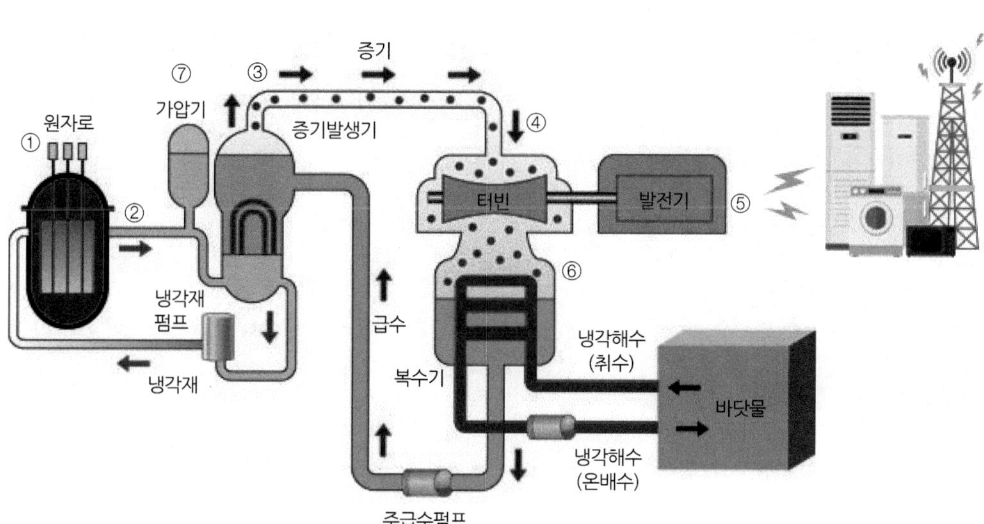


**그림 2-29** 미래 원자력시스템 연구개발 장기 추진계획

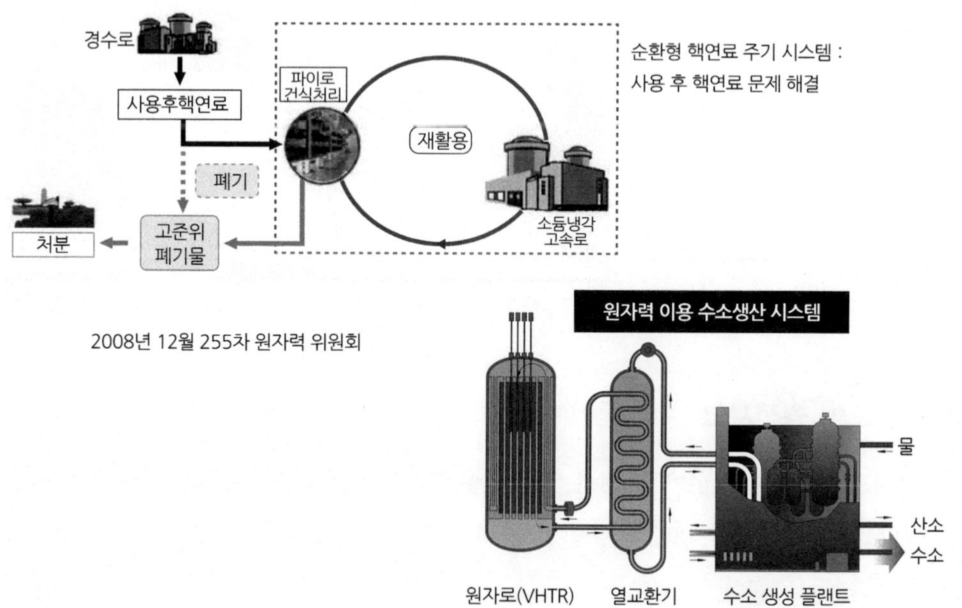

**그림 2-30** SWAT와 TWR 원자로

일체형 원자로(SMART)로 세계 최초
표준설계 인가를 받은 기술(2012년)

**그림 2-31** 유일한 국내 설계 및 건설의 연구용 원자로

핵분열로 발생한 중성자로 이용해 다양한 연구 수행

1. 나노소재 연구
2. 의료용·산업용 방사성동위원소 생산 및 이용
3. 수소연료전지 내부검사
4. 고품질 반도체 생산용
5. 신물질 연구
6. 효과적인 신약개발

## 03 원자력발전소의 세계 3대 사고

### (1) 후쿠시마 원전사고

2011년 3월 11일 일본 동북부 지방을 관통한 대규모 지진과 그로 인한 쓰나미로 인해 후쿠시마현(福島県)에 위치해 있던 원자력발전소에서 방사능이 누출된 사고로, 아직까지도 육지와 바다의 오염에 대한 대책과, 걱정이 따르고 있다.

### (2) 체르노빌 원전사고

구소련의 1986년 4월 26일 발생한 체르노빌 원전사고는 누출된 방사성 물질이 수많은 인명 피해뿐 아니라, 인근 생태계를 완전히 파괴하는 참사를 빚으면서, 인류 역사상 최악의 원자력 사고로 기록됐다.

### (3) 스리마일 원전사고

1979년 발생한 미국 최초의 원전 사고로, 미국 펜실베이니아주 해리스버그에 있는 스리마일섬의 원자력발전소 2호기에서 냉각장치가 파열돼 노심용융이 일어나 핵연료가 스리마일 원전은 1978년 4월 전기 생산을 처음 시작했는데, 해당 사고는 생산이 시작된 지 1년이 채 지나지 않은 1979년 3월 28일 발생했다. ① 경수형 원자력 발전기술의 불완전함, ② 규제행정의 결함, ③ 방재계획의 결여 등을 사고원인으로 지적하였다.

## 04 원자력 에너지의 필요성과 미래 전략

### (1) 필요성

필요성의 4가지로는 ① 경제적인 에너지 생산과, ② 적은 양으로 대용량 전력을 생산할 수 있고, ③ 안정적인 에너지 공급이 가능하며, ④ 친환경 에너지(화력발전의 1%)이다.

### (2) 미래 전략

기술 기반 미래 에너지로는 4가지로 구분이 된다.

① 화석 에너지(석유, 석탄, 천연가스 등)는 기후 변화의 주범으로 대기를 오염시키므로, 이에 대비한 청정 에너지기술로, IGCC(2050년까지 청정에너지 비중 50% 이상, 탄소 배출량의 70% 저감을 추진하는 신재생에너지), CCS[청정수소와 탄소 포집 · 저장(CCS) 기술]가 있으며,

② 재생 에너지로, 에너지 저장 기술(배터리, 초전도에너지저장, 수소, 등)이 있고,

③ 원자력 에너지로, 일반 원자력 발전에서, 안전을 강화하고, 사용 후 핵연료 처리와 처분 기술이 따라야 하는 부문이 있는 에너지 중에 많이 차지하며,

④ 새로운 에너지로, 핵융합 기술과 차세대 융합에너지 기술, 초고온 가스로 'VHTR'(전기와 수소를 생산하는 다목적 친환경 원자로 기술), 소듐냉각고속로 'SFR', 원자력 전지(방사선에너지를 전기에너지로 변환)가 있다.

한편, 유럽과 다른 나라의 원자력 에너지 정책을 미루어 보면, 독일의 재생 에너지 확대 정책은 태양광과 풍력 비중 확대 조절, 에너지 다소비 기업의 비용 면제 프로그램과, 안전

하고 예측 가능한 재생 에너지 확대 정책을 펼치고 있고, 덴마크는 바다의 풍력발전을 잘 활용하고 있으며, 우리나라의 재생에너지 자원에서는, 풍력은 평균 5m/s 이하는 경제성이 없으며, 태양광은 4,320 MJ/년 · $m^2$보다 높은 경상도 일부 지역만이 북유럽 수준이다.

## 05 위험한 방사선과 막는 방법

### (1) 방사능

방사능이란, 방사선을 방출하는 능력으로, 불안정한 원자력이 안정한 핵으로 붕괴하는 과정에서 입자선 혹은, 광선 형태의 방사선(알파선, 베타성, 감마선, 엑스선, 중성자) 방출하는 것으로, 방사능의 세기는 방사성 붕괴의 횟수에 비례한다. 방사능이 반으로 줄어드는 것을 방사능 반감기라 하는데, 수십년씩 걸린다.

### (2) 방사선의 종류와 막는 방법의 원리

다음 그림과 같이 5가지 방사선 통과가 차단될 수 있는 보호판(차폐)으로 구분할 수 있는 원리이며, 다중 방호로, 원자로 건물 외벽은 1.2m의 압축 콘크리트, 원자로 건물 내부는 철판 6mm 두께 SS(Steel Structure) 철판으로 감싸져 있고, 원자력 용기는 21cm 두께 SS 압력용기로 되어 있다.

**그림 2-32** 방사선의 종류별로 막는 방법

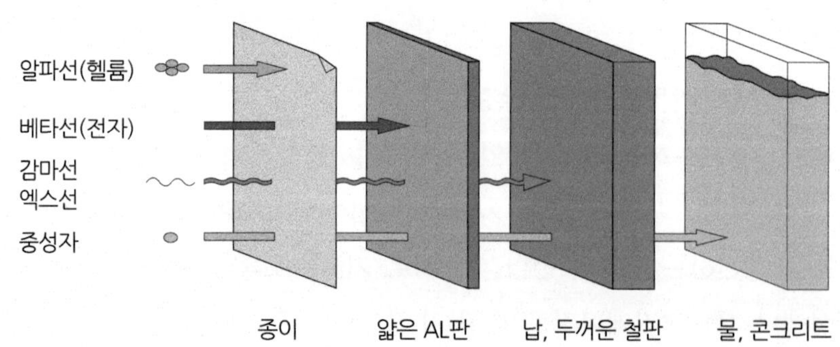

## (3) 방사선 피폭과 인체 영향

### 1) 급성 효과

급성 효과는, 다량의 방사선은 짧은 시간에 피폭이 되고, 고선량, 고선량률, 방사선 영향이 수주일 이내 관찰이 되며, 전신 피폭량에 따라 임상 증상이 다음과 같이 나타난다.

- 250mSv(밀리시버트) : 임상 증상이 거의 없다.
- 500mSv : 림프구의 일시적 감소로 나타난다.
- 1Sv : 오심, 구토, 전신권태감과 림프구가 현저히 감소된다.
- 4Sv : 30일 이내 50% 사망이 될 수 있나.
- 7Sv : 100% 사망한다(참고로, 일반인의 연간 허용한도는 1mSv 정도).

### 2) 만성 효과

만성 효과는, 저선량 방사선으로, 오랜 시간에 꾸준히 나타나고, 저선량, 저선량률로, 수년에서 수십년 후까지 증상을 관찰해야 한다. 증상으로, 암, 심혈관질환, 백내장 등이 올 수 있고, 한편, 암 등은 방사선 이외의 다른 원인으로 더 많이 발생하므로 방사선과 암의 인과관계를 명확히 판단하기는 어렵다는 것이다.

### 3) 방사선의 단위

방사능의 단위는 베크렐(Bq)로 나타내고, 인체가 받는 방사선의 양은 시버트(Sv)로 구분한다. 동일한 방사능(Bq)이더라도 방사선과 조직의 종류에 따라 인체가 받는 영향이 매우 다르다.

**그림 2-33** 방사선 단위

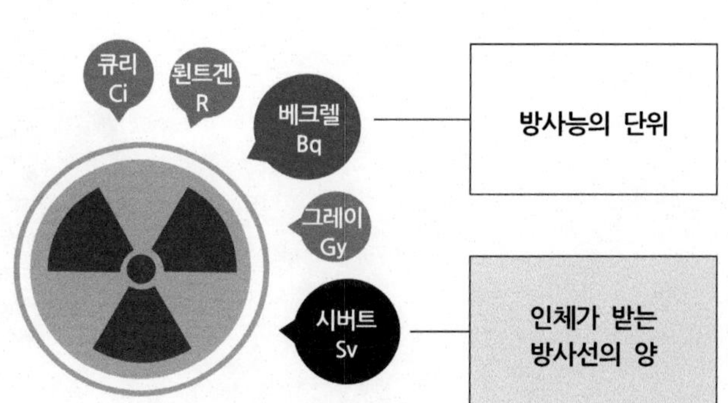

**그림 2-34** 일상생활 속의 방사선 피폭

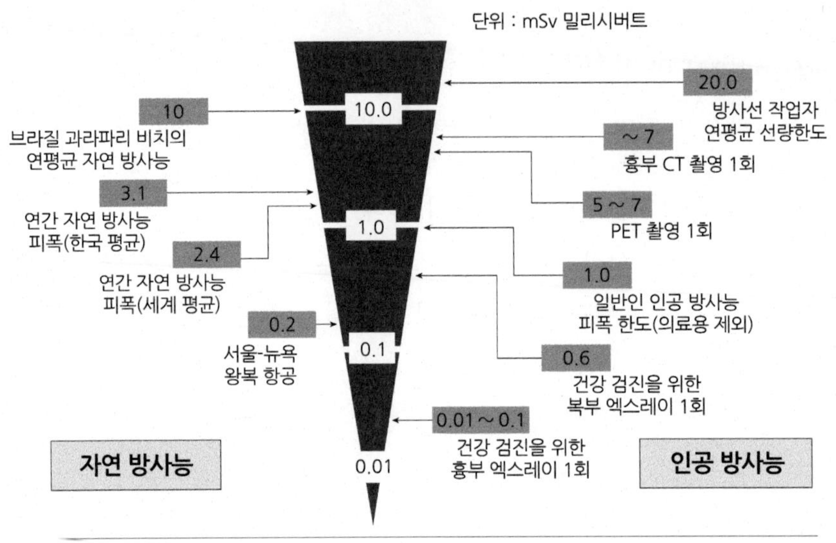

# 제11절 산업용 드론기술의 응용

## 01 드론의 정의

사람의 도움 없이 스스로 외부환경을 인식해 상황을 판단하고 임무를 수행하는 것이다. 즉, 동력 이동체로, 사람 운용자가 탑승하지 않으며, 자율 주행이나 원격조정에 의해 작동되며, 소모성 혹은 회수가능하며, 탑재물을 운송하는 것이다.

## 02 드론의 종류

| 드론, 멀티콥터 | 소형무인기 | 틸트로터/무인헬기 | 무인항공기 |
|---|---|---|---|
|  |  |  |  |
| • 중량 : 25kg 내외<br>• 30분 내외 비행시간<br>• 취미, 촬영용<br>• 수십만 원~수백만 원 | • 중량 : 100kg 내외<br>• 2~3시간 비행시간<br>• 농업, 공공용<br>• 수천만 원~수억 원 | • 중량 : 1ton 내외<br>• 5~6시간 비행 가능<br>• 수송용, 정찰용<br>• 수억~수십억 원 | • 중량 : 수톤 내외<br>• 24시간 이상 비행<br>• 공격용 등<br>• 수백억~수천억 원 |

## 03 드론의 역사

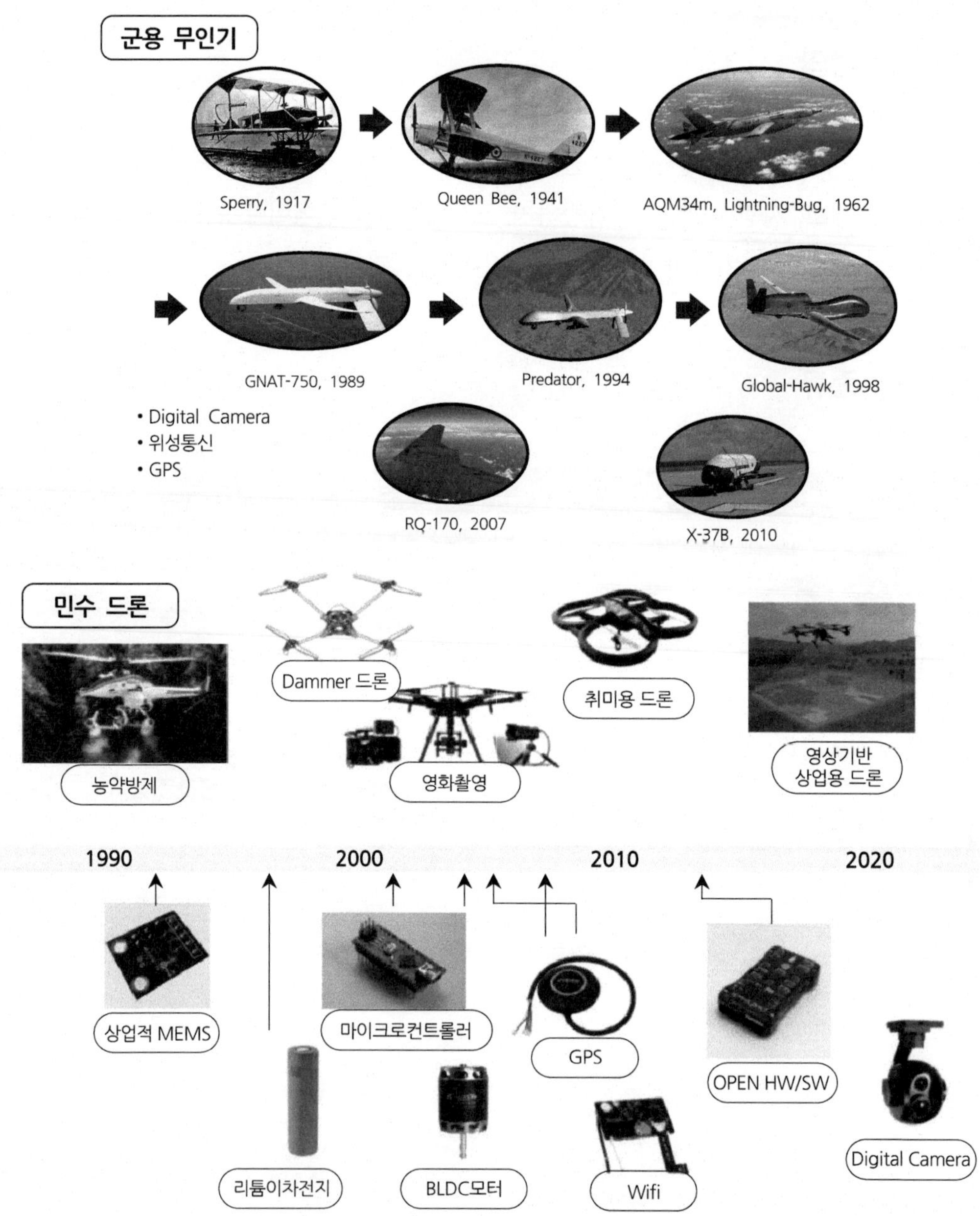
군용 무인기
Sperry, 1917
Queen Bee, 1941
AQM34m, Lightning-Bug, 1962
GNAT-750, 1989
Predator, 1994
Global-Hawk, 1998
• Digital Camera
• 위성통신
• GPS
RQ-170, 2007
X-37B, 2010
민수 드론
농약방제
Dammer 드론
영화촬영
취미용 드론
영상기반
상업용 드론
1990
2000
2010
2020
상업적 MEMS
리튬이차전지
마이크로컨트롤러
BLDC모터
GPS
Wifi
OPEN HW/SW
Digital Camera

## 04 드론 응용산업 현황 및 전망

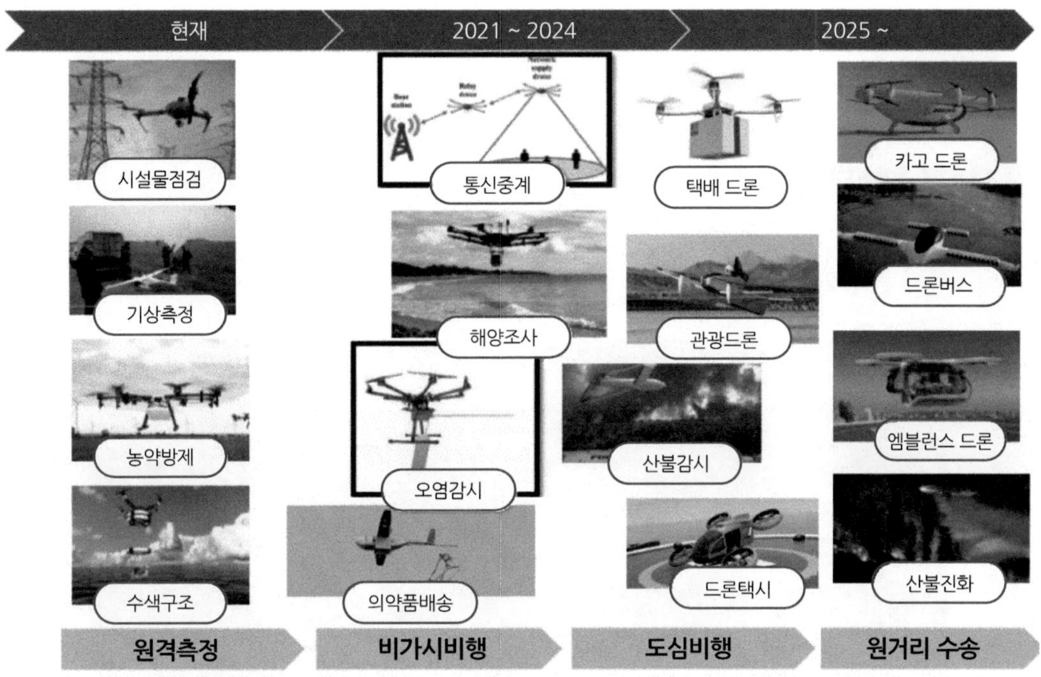


## 05 도심항공교통(UAM : Urban Air Mobility)이란

**그림 2-35** UAM의 상상도

3차원 공간을 활용하는 비행 이동 수단으로 도심에서 사람이나 화물을 운송할 수 있는 수단이며, eVTOL(Electric Vertical Take Off & Landing, 수직이착륙)형태 UAM은 활주로가 필요 없고, 최소한의 이착륙 공간만 있으면 충분히 비행이 가능해 스마트시티의 중요한 교통수단이다.

## 06 UAM 핵심기술

**그림 2-36** 현대자동차에서 상용화 예정인 UAM(도심항공모빌리티)

한국항공우주연구원삼정KPMG 경제연구원 제공

# 제12절 지적재산권과 국내 기술인증

## 01 지식재산권의 개요

정부의 해당 부처인 특허청에서 관리하는 특허권(발명), 실용신안권, 디자인권, 상표권이 산업재산권에 해당되며, 저작권 정신적 작품으로, 저작인격권, 저작재산권, 저작인법권, 미래창조과학부에서 담당하는 신지식 재산권으로 반도체의 집적회로배치 등이 있고, 기타 지식으로, 영업비밀의 노하우, 부정경쟁방지법 등이 지적재산권에 해당이 된다.

일반 기업에 해당되는 4가지 권리의 분류로, ① **특허**(Patent), ② **실용신안**(Utility Model), ③ **의장등록**(Design), ④ **상표등록**(Trademark)이 산업재산권에 해당된다.

## 02 산업재산권(지식재산권)의 종류

기업이나 개인의 지적인 지식관리의 중요성은 누구나 잘 알고 있듯이 우리들의 주변에 지식이 너무 많이 널려 있고, 이것을 전부를 다 아는 사람은 없으며, 고도로 발달해 가는 산업사회의 지식은 너무나 광범위하고 다양하다. 그러나, 많은 지식들을 이용하는 방법에서 조직이 열악한 경우일수록 미흡하고 빈약하다는 것이다.

이에, 지식과 기술을 분류하여 관리를 하며, 기업의 궁극적인 목표와 방향에 맞추어, 메인과 서브화로 구분하고, 생산효율을 올리는데 이용하며, 나아가 제품에 적용하는 융합화로 해 나가자는 것이다.

21세기는 국경 없는 무한경쟁의 시대로, 지식기반사회에서의 지식재산권의 역할과 그 기능은 다음과 같다.

① 선진국은 지적재산권을 통한 후발국의 견제를 강화하며,
② 옛날 기술은 후발국과의 치열한 경쟁이 불가피하며,
③ 열심히 하는 것만으로는 한계에 도달한 시점이 되었고,
④ 특허가 없는 기업은 생존이 불가능한 시대로 변모해 가고 있으며,
⑤ 부가가치의 원천이 노동 · 자본에서 지식 · 정보로 이동하고 있다는 것이다.

이러한 상황에서 우리나라 기업들이 살아남기 위해서는 지식재산권의 관리가 필수적이므로, 연구개발의 활동에 소홀히 해서는 안 된다.

**표 2-7** 지적재산권의 분류와 내용

| 대구분 | 등록구분 | 권리기간 | 내 용 |
|---|---|---|---|
| 산업 재산권 | 특허 | 20년 | 기술적 사상의 창작인 원천 · 핵심기술(대발명) |
| | 실용신안 | 10년 | Life-Cycle이 짧고 실용적인 주변 · 개량기술(소발명), 공법상의 '공정 실용신안'이 이에 해당 |
| | 의장등록 | 15년 | 심미감을 느낄 수 있는 물품의 형상 · 모양(외관의 디자인 등) 예 'Good Design' |
| | 상표등록 | 10년, 갱신 | 타 상품과 식별할 수 있는 기호 · 문자 · 도형 등의 등록 |
| 저작권 (정신적 작품) | 저작인격권 | 사후 50년 | 문학, 학술, 예술 분야 창작물로 양도 불가 |
| | 저작재산권 | 사후 50년 | 창작물에 대한 복제, 배포, 전시, 공연 불가 |
| | 저작인접권 | 사후 50년 | 실연가, 음반 제작가, 방송사업자 권리 등 |
| 신지식 재산권 | 첨단산업 저작권 | 25년 | 반도체 집적회로 배치설계, 생명공학, 식물신품종 |
| | 산업 저작권 | 25년 | 컴퓨터프로그램, 인공지능, 데이터베이스 |
| | 정보 재산권 | 25년 | 영업비밀, 멀티미디어, 뉴미디어 등 |

**표 2-8** 특허, 실용신안, 의장등록, 상표등록의 비교

| | 특허 | 실용신안 | 의장등록 | 상표등록 |
|---|---|---|---|---|
| 목 적 | 발명의 장려 | 고안의 장려 (특허와 같은 수준으로 취급) | 디자인의 창작을 장려하여 산업발전 | 신용유지를 도모하여 산업발전, 수요자의 이익보호(품질보증) |
| 보호 대상 | 고도한 기술적 사상 | 물품의 구조, 형상에 관한 기술적 사상 | 물품의 형상, 모양, 색체 또는 이들의 결합 | 기호, 문자, 고형, 형상 또는 이들 각각에 색채를 결합한 것 |

| | 특허 | 실용신안 | 의장등록 | 상표등록 |
|---|---|---|---|---|
| 등록 방법 | 심사 후 등록 | 좌동 | 심사 후 등록,<br>무심사 등록 | 심사 후 등록 |
| 권리행사 | 특허증 제시 | 실용신안증<br>제시 | 의장등록증 제시 | 상표등록증 제시 |
| 존속기간 | 20년 | 10년 | 설정 등록일로부터 15년 | 설정 등록일로부터 10년<br>(10년마다 갱신) |
| 이중출현 | 특허결정 등본<br>송달 전 | 등록결정 등본<br>송달 전 | 보호 범위로는 출원서에<br>첨부된 도면, 사진, 견본<br>과 도면에 기재된 설계도 | 보호범위로는 출원서에<br>기재된 지정 상품과<br>상표로 구분 |
| 등록<br>소요기간 | 20~24개월 | 좌동 | 10~11개월 | 10~11개월 |

## 03 국내 기술인증

NEP : 기술/제품, NET : 기술, 장영실상 : 기술/제품, KS마크 : 품질/제품, 조달청우수제품인증 : 품질/제품, 성능인증 : 품질/제품, 녹색인증 : 품질/기술, 안전인증(KPS) : 안전, Q-마크 : 품질/제품, GD : 품질/제품, GR마크 : 제품(재활용제품), K-마크 : 제품, 환경마크 : 기술/제품, 싱글PPM : 시스템/제품, 환경신기술 : NET(환경부), 에코디자인 : 에너지기술(환경부), 서비스품질 : 서비스, 기타, 각 분야별 다양한 인증이 있다.

**표 2.9** 국내 기술마크 인증의 종류

| 기술마크 인증 | 구분(품질 기술, 제품) | 내용 설명 | 마크 (심볼) |
|---|---|---|---|
| NEP | 기술/제품 | New Excellent Product, 국내에서 최초로 개발된 신기술 또는 기존기술을 혁신적으로 개선된 기술이 적용된 신제품을 평가하여, 우수성을 인정하여 판로 확대 지원 및 기술 개발을 촉진하고자 하는 인증 | |
| NET | 기술 | New Excellent Technology, 국내 기업 및 연구기관, 대학 등에서 개발한 우수한 신기술로 인정할 수 있는 상용화와 기술거래를 촉진하고, 적용제품의 신뢰성을 제고시켜, 구매력과 초기 시장진출 기반을 조성하는 신기술의 인증 | |
| 장영실상 | 기술/제품 | 신기술제품을 개발·상품화해 산업기술혁신에 앞장선 국내업체와 연구소의 기술개발 담당자에게 수여하는 상으로, IR은 산업연구의 약자이고, 52의 의미는 1년에 52주 동안 매주 시상한다는 뜻이다. | |
| KS마크 | 품질/제품 | 한국산업규격이 제정되어 있는 품목 중 소비자 보호를 위하여서, 지정한 품목을 대상으로 생산 공장이 기술적인 면에서 KS수준 이상의 제품을 지속적으로 생산할 수 있도록 하는 능력과 품질 요건을 갖추고, 제품의 심사 기준에 따라 엄격히 심사, 합격된 업체에 대하여 인증마크를 제품에 표시하도록 하는 인증 | |
| 조달청우수 제품인증 | 품질/제품 | 조달물자의 품질향상을 목적으로, 중소기업이 생산한 제품 중 기술 및 품질이 우수한 제품을 대상으로 한 인증으로, 국가계약법령에 따라 각급 공공기관에 물품을 공급하는 제도 | |
| 성능인증 | 품질/제품 | 기술개발 제품, 신기술 인증 제품에 대하여, 성능검사를 확인한 제품을 공공기관에 우선 구매할 수 있도록 지원함으로써, 중소기업의 기술 개발촉진 및 공공 구매확대를 지향하기 위한 제도 | |
| 녹색인증 | 품질/기술 | 저탄소 녹색성장의 일환으로, 녹색투자 지원대상 범위를 명확히 규정하고자 녹색기술 또는 녹색 사업이 유망녹색 분야인지 여부를 확인하여 인정을 부여하는 제도(3가지 : 녹색기술인증, 녹색사업인증, 녹색전문기업인증) | |
| 환경마크 | 기술/제품 | 제품의 생산 및 소비과정에서 환경에 미치는 오염을 상대적으로 적게 일으키거나, 자원을 절약할 수 있는 제품에 환경마크를 표시하여, 제품에 대한 정보를 소비자에 정확히 제공하고, 기업으로 하여금 소비자의 선호에 부응하여, 환경제품의 개발과 생산을 유도하는 제도이다 | |
| 싱글PPM | 시스템/제품 | 생산품에 대하여 품질혁신활동과, 품질의 무결점, 무결함의 완벽한 제품을 생산하기 위해 품질 경영 시스템을 바탕으로 지속적인 개선을 통해 불량률 "0"을 지향하는 한국적 품질혁신운동과 인증제도 | |

| 기술마크 인증 | 구분(품질 기술, 제품) | 내용 설명 | 마크 (심볼) |
|---|---|---|---|
| GD | 품질/제품 | Good Design, 우수산업디자인 상품으로, 산업디자인진흥법 시행령 제14조 규정하며, 상품의 디자인개발을 촉진하여, 우수한 디자인상품을 개발하고, 경쟁력을 통해, 소비자의 다양한 욕구를 충족하며, 수출증대와 경제에 이바지 | |
| 고효율 에너지 | 기술/제품 | 고효율시험기관에서 측정한 에너지소비효율 및 품질시험결과의 전항목을 만족하고, 에너지관리공단에서 고효율에너지 기자재로부터 인증을 받은 제품<br>에너지이용합리화법, 고효율에너지 기자재 촉진에 관한 규정을 만족 | |
| GR마크 | 제품 (재활용제품) | 국내에서 발생된 폐자원을 재활용하여 제조한 우수품질 제품의 생산의욕을 고취하고, 재활용제품에 대한 소비자의 인식개선으로 구매욕구를 유발하여 지구환경보존과 자원재창출 효과를 극대화 하고자 제정한 우수제품 품질인증마크이다. | |
| K-마크 | 제품 | Korea Testing Laboratory, 공산품의 품질수준을 평가하여, 인증하는 제도로서 기술개발 촉진, 품질향상과 소비자 선택의 편리성 및 부실제작, 시공으로부터 사용자 보호를 위한 제3자의 객관적인 평가, 인증하는 제도 | |
| 안전인증 (KPS) | 안전 | 제조업자 또는 외국 제조업자가 안전인증(제품검사와 공장심사를 하여 공산품에 대한 안전성을 증명하는 것)을 받은 안전인증 대상 공산품에 나타내는 표시와, 한국산업안전공단에서 인증하는 S-마크도 있다. | |
| Q-마크 | 품질/제품 | 소비자가 적정품질의 제품을 안심하고 사용할 수 있도록 생산자는 제품의 성과를 유지하고, 품질이미지를 고양할 수 있도록 6개의 시험연구원을 통해, 소정의 품질기준에 합격한 제품에 Q마크를 표시하는 제도 | |
| 환경신기술 | N E T (환경부) | 정부에서 환경기술을 평가하여 우수한 기술에 대해 신기술을 지정해 줌으로 기술사용자는 신기술을 믿고 사용가능하며, 기술개발자는 현장에서 신속하게 보급할 수 있게 개발촉진과 환경산업 육성에 기여하는 인증제도 | |
| 서비스품질 | 서비스 | 서비스업을 대상으로 서비스품질 우수기업 인증을 신청한 기업 또는 기관에 더하여, 전문가가 공정하게 전반적인 서비스품질을 진단, 평가하여 그 성과가 탁월한 기업/기관에 정부가 인증을 수여하여 널리 알리는 제도 | |
| 기 타 | MIC마크 : 정보통신기기인증, EK마크 : 전기용품안전인증, GQ마크 : 우수 중소기업마크인증, 검 마크 : 안전검사 표시인증, S마크 : 안전인증, 국방품질경영인증-군수품 품질경영시스템, 순환골재품질인증-건설폐기물의 재활용과 품질심사 등, 우수농산물인증 : 농축산물 위해요소차단, 자연재해저감신기술 : 해당부문 우수기술/신기술, HACCP : 식품위해요소중점관리기준 인증, ISO 22000 식품, 안전경영시스템 3종/GMP/GAP가 있다 | | |

# 제13절 친환경 스마트 조선해양플랜트

## 01 조선해양플랜트의 개요

조선해양산업은 각종 선박, 해양구조물, 관련 기자재 등의 설계, 제작, 설치 등을 포함하는 지식 기반형 복합 엔지니어링 산업을 의미하며, 특히 조선업은 각종 항해용 선박과 준설선, 시추대 및 부유 구조물 등의 기타 비항해용 선박을 건조하는 산업 활동을 의미한다.

해양플랜트는 석유나 천연가스 등의 해양자원을 발굴, 시추, 저장, 생산하는 자원 개발활동에 필요한 장비들을 건조, 설치, 관리, 유지하는 산업으로, 해양에너지 개발과정에서 발생하는 유전의 탐사, 시추 및 생산, 처리에 이르는 모든 과정을 포함한다.

조선산업과 해양플랜트산업은 세부적으로 연계성은 있으나, 산업의 본질, 주요 고객, 핵심 역량 등에서 차별화된 모습을 보이며 그 비교는 아래 표와 같다.

**표 2-10** 조선산업과 해양플랜트산업의 비교(출처 : 삼성경제연구소)

| 분류 | 조선산업 | 해양플랜트산업 |
|---|---|---|
| 업(業)의 본질 | 제조 | 엔지니어링 |
| 주요 고객 | 해운회사 중심<br>(머스크, MSC, COSCO 등) | 자원, 에너지 개발회사<br>(엑스모빌, BP, 페트로브라스 등) |
| 고객 핵심 니즈 | 제조/운송원가 절감 | 생산(시추)의 안전성 |
| 핵심역량 | 제조역량(생산성, 원가, 품질) | 제조+설계역량 및 Track Record |
| 기술 패러다임 | 확정론적, 수학적 알고리즘 해석<br>(건조경험 기반, 계산방식 적용) | 확률적, 테스트 기반 설계<br>(현장별 다른 환경 → 다른 접근) |

## 02 조선해양플랜트의 친환경 및 스마트화

산업통상자원부 및 해양수산부에서 환경 친화적 선박의 개발 및 보급 촉진을 위한 **「환경 친화적 선박의 개발 및 보급 촉진에 관한 법률」**(이하 「친환경선박법」이라 함) 2018년 12월 31일 제정되고 2020년 1월 1일 시행되어 조선산업의 친환경 기술 기반을 마련하고 장기적인 산업 경쟁력을 높일 수 있는 계기를 마련하였다. 그리하여, 현재 외항화물선에 집중되어 있는 친환경선박 전환정책 대상을 내항선, 여객선, 어선, 유도선, 예선 등 여러 선종으로 확대하여 폭넓은 지원정책이 마련될 수 있도록 하고, 친환경선박의 개념을 특정방식에 한정하지 않고 LNG(액화천연가스), LPG(액화석유가스), CNG(압축천연가스), 메탄올, 수소, 암모니아 등 환경친화적 에너지를 동력원으로 하는 선박과 전기추진선박, 하이브리드 선박, 수소 등을 사용한 연료전지추진선박 등을 포함할 수 있도록 하였다.

또한, 조선해양플랜트의 산업적 트렌드를 살펴보면, IMO(국제해사기구)는 선박에 의한 오염방지를 위해 황산화물(SOx), 질소산화물(NOx), 이산화탄소($CO_2$) 등 배기가스와 선박평형수(Ballast water) 등 해상오염물질 규제 도입을 시행 예정으로, LNG 연료 추진 선박 및 관련 기자재 수요의 확대를 전망하고 있으며, 국내 조선업계의 경우, 친환경 선박에 대한 우수한 기술력을 보유하고 있고 정부 지원 등으로 친환경 선박 발주의 수혜 가능성이 있어 조선업에 전반적으로 긍정적이다.

ICT기술을 활용하여 선박 자율운항 및 모니터링 진단 기술과 지능형 항만 관제 기술을 접목하여 운항 효율과 안전성을 확보한 선박으로, 선박운항과 관련된 기자재, 운항 정보 및 날씨, 돌발 변수 등을 디지털화해 실시간으로 정보 교환 가능하도록 스마트 선박 개발에 집중하고 있다.

**그림 2-37** 주요기업 개발기술(출처 : 현대중공업, 삼성중공업)

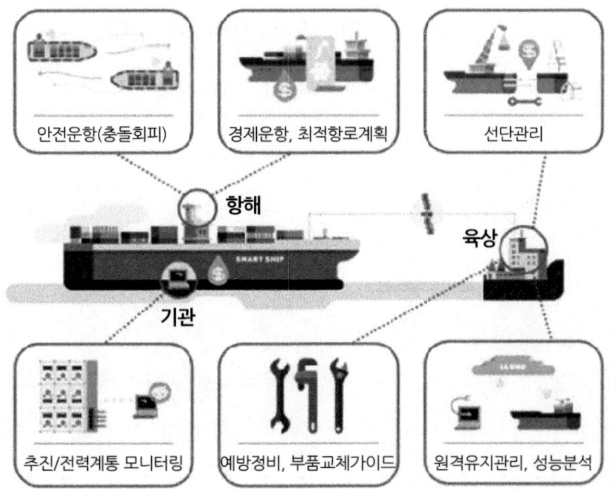

삼성중공업 원격감시 시스템

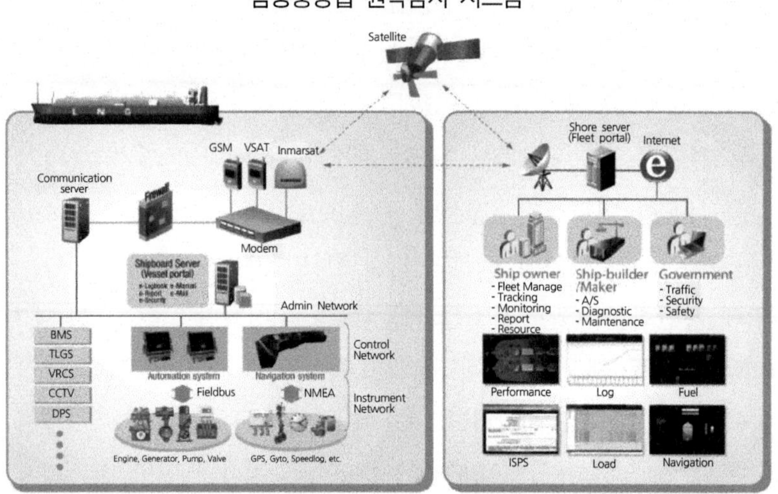


국내 기술의 경의, 대형 3社(현대, 삼성, 대우)가 무인선박 관련기술 일부 보유 중이나, 조선 분야 전문 소프트웨어 기술 수준과 자율운항 사용화 능력은 유럽 선진국 대비 취약하여 ICT기반 기술을 보유한 중소기업과 기술 협력이 필요한 상황이다.

## 03 미래의 조선해양기술

산업통상자원부 및 해양수산부의 「친환경선박법」 시행에 따라 기본계획을 마련하고, 그린뉴딜 · 탄소중립과의 정책연계 및 한국형친환경선박 이미지 창출을 위해 '2030 그린쉽-K 추진전략'이라고 명명하고, 세계 친환경선박시장을 선도하기 위한 전략을 내세웠다.

### (1) 지속가능발전 그린쉽-K

미래 친환경선박 세계적 선도 기술 확보를 위해 △LNG · 전기 · 하이브리드 핵심기자재 기술국산화 · 고도화 → △혼합연료 등 저탄소선박 기술 → △수소 · 암모니아 등 무탄소선박 기술로 이어지는 친환경 선박 및 기자재 기술의 체계적 · 종합적으로 기술 개발을 추진한다. 또한, 친환경기술을 적용한 소형 연안선박을 건조하여 시범 운항한 후, 기술성 · 경제성이 검증될 경우 대형선박까지 확산함으로써 기술 개발이 육 · 해상 검증 및 최종 사업화로 연계되도록 하며, LNG · 하이브리드 등 상용화된 기술을 우선 적용하여 공공부문부터 선제적으로 친환경선박으로 전환하고 민간부문으로 확산할 것이다.

### (2) 자율운항선박

인공지능(AI), 사물인터넷(IoT), 빅데이터, 첨단 센서 등을 융합해 지능화된 시스템으로 항해자의 의사결정을 지원 · 대체할 수 있으며, 궁극적으로는 무인화가 가능한 차세대 고부가가치 선종을 지칭하며, 향후 친환경 · 스마트 패러다임 전환을 주도할 기술로, 친환경과 디지털해운의 시대로 넘어가는 과도기를 겪고 있는 해운업계에서는 자율운항 · 디지털기술의 선제적 확보가 미래선사 경쟁력을 좌우할 것으로 예상된다.

### (3) 스마트해운물류

최근 코로나19로 인한 온라인무역 확대와 비대면 서비스 증가 등으로 해운물류산업의 스마트화가 더욱 가속화되고 있다. 정부는 이러한 변화에 적극 대응하기 위한 스마트 해운물류 기술을 개발하고, 주요 물류거점과 민간에 스마트 기술을 확산하기 위해 2021년 4월 '스마트 해운물류 확산전략'을 수립하여 추진할 계획을 세웠다.

**그림 2-38** 스마트 통합 안전관리 플랫폼 개념도(출처 : 해양수산부)

스마트해운물류는 항만간 또는, 항만과 배후지간 운송(화물, 정보 등 모든 활동)의 안전/효율/환경을 극대화하기 위해 선박-통신-항만을 자동화(Automation) 및 지능화(Intelligence)로 혁신하는 것이다. 이를 실현하기 위해 물류 전 구간(선박-항만-육상)에 인공지능 기반 운영 최적화 기술을 개발하고, 최신 기술을 기반으로 항만 작업자 안전사고를 줄이기 위한 플랫폼이 구축될 것이다.

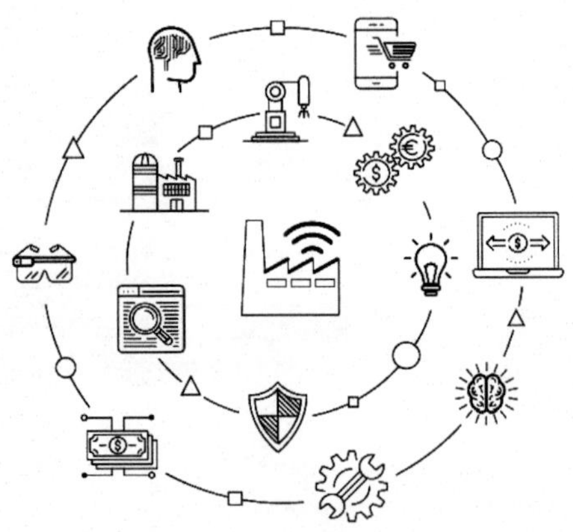

# 제14절 스마트 의료기기와 헬스케어

## 01 의료기기와 헬스케어에 대한 관심

정보통신기술(ICT)과 의료 서비스가 결합된 디지털 헬스케어는 고령화, 저성장 시대에 떠오르는 유망 산업의 하나로, 맞춤형 건강관리 패러다임을 앞당기는 동시에 국가 신성장 동력으로 주목받고 있다. 미국, 유럽, 일본, 중국 등에서 대규모 프로젝트를 시행하고 있으며 이를 효과적으로 운영하기 위해 정부 내 새로운 조직을 출범 중이며 글로벌 기업 및 벤처기업들이 헬스케어 산업의 성장성을 기대하고 대거 진입 중인 실정이다.

급격한 기술발전과 빅데이터로 헬스케어 서비스는 디지털화 될 것이며, 지금까지의 비즈니스 모델에서 벗어난 헬스케어 4.0 시대로 진입할 것이다. 헬스케어의 미래가치(FV)는 고도의 개인화와 건강결과에 초점을 맞춤 혁신(Innovation, I)에 의해 추진되며, 데이터의 파워(Data, D)를 통해 동력 확보가 가능한 새로운 개념이 대두되고 헬스케어를 둘러싼 기술은 빠르게 진보하고 있으며, 특히 스마트폰과 모바일 기술은 새로운 헬스케어 기술과 서비스 개발을 촉진하고 있다.

## 02 의료기기와 헬스케어의 응용

디지털 헬스케어란 ICT(정보통신기술)를 활용하여 인간의 건강을 개선하는 다양한 방법론을 의미하며, 스마트헬스, 모바일헬스, 원격진료 등을 포괄하는 광의의 개념으로 언제 어디서나 개인이 손쉽게 건강관리를 받을 수 있는 기술을 의미한다.

헬스케어 분야는 전통적인 병원중심의 의료산업 영역에서 정보통신기술(ICT)을 의료분야에 결합하여 다양한 수요자들에게, 보다 편리하고 다양한 형태의 건강 관련 서비스를 제공하기 위한 여러 가지 시도들로 발전 중이다. 최근에 4차 산업혁명의 핵심기술인 인공지능, 사물인터넷, 웨어러블 디바이스 등 의료분야 밖에서 빠르게 발전하고 있는 디지털 기술을 의료분야에 접목하면서 더욱 광범위한 변화를 촉진하고 있다.

최근 대두되고 있는 데이터 기반 디지털 헬스케어는 헬스케어 데이터를 측정, 통합, 분석, 활용하는 과정에서 의료와 건강관리 등 헬스케어 전반에 변화를 가져오는 것을 의미한다. 데이터 기반 헬스케어의 경우에는 환자의 치료 및 질병관리 뿐만 아니라 예방적 건강관리 및 웰니스를 증진할 수 있는 수요자 중심 서비스를 제공하고, 특히, 스마트폰과 스마트워치 등의 스마트 기기나 애플리케이션을 이용한 의료서비스에 접근 및 활용이 용이하다.

또한, 다양한 웨어러블(착용 가능) 기기의 발달과 빅데이터의 사용 및 분석능력 강화 역시 기존의 IT와 의료서비스의 융합 트렌드와 차별화된 요소이기도 하다. 향후, 모바일 네트워크/애플리케이션, 사물인터넷, 빅데이터, 클라우드 등 정보통신기술의 급속한 발전에 힘입어, 이를 활용, 융합한 헬스케어 서비스가 기존의 사후치료 방식에서 예측이 가능한 예방 중심의 개인 맞춤형 정밀의료(Precision Medicine)로 진화할 전망이다.

## 03 의료기기와 헬스케어의 기술

디지털 헬스케어의 산업은 ICT 기술이 건강관리 및 의료서비스와 융합된 것으로, 소프트웨어 기업, 하드웨어 제조업, 서비스 기업, 정부 부처(제도 규제, 제정)로 구성될 수 있다.

정부 부처는 건강관리 관련 산업의 활성화를 위한 생태계 기반을 구축하고 부가가치를 창출하기 위한 비즈니스 프로세스를 구성하는 역할을 한다. 소프트웨어 기업은 건강관리 관련 애플리케이션 플랫폼 시스템 등에서 수집된 데이터들을 분석하며, 의료 · 건강정보 솔루션 개인건강기록 솔루션, AI기반 분석툴, 플랫폼 등으로 구성되고, 서비스 기업은 환자(사용자)별 개인 맞춤형 건강관리 및 의료 서비스를 제공하기 위한 서비스 기업으로 병원, 보건소 등을 중심으로 서비스가 운영되는 모델로서, 건강정보 분석 서비스, 개인맞춤형 건강관리 서비스, 원격의료 등으로 구성된다.

디지털 헬스케어 기술은 바이오 빅데이터 플랫폼, 생체데이터 수집 시스템 및 애플리케이션, 스마트 건강관리 서비스, AI기반 혁신의료 시스템 관련 기술로 분류된다. 사물인터넷(IoT) 디바이스와 연계하여 장소와 시간에 구애됨이 없이 혈압, 심전도, 체중, 뇌파, 활동량, 생활 패턴 등 다양한 건강과 관련된 생체정보를 측정하여 건강상태를 모니터링하기 위한 기술 및 측정된 건강정보를 분석하고 필요 시 의료정보시스템과 연계하여 이에 따라 적절한 피드백을 제공하여 건강을 증진하고 관리하는 기술을 포함한다.

**표 2-11** 디지털 헬스케어 기술의 분류(출처 : 정보통신산업진흥원)

| 대분류 | 디지털 헬스케어 | | | |
|---|---|---|---|---|
| 중분류 | 바이오 빅데이터 플랫폼 | 생체데이터 수집 시스템 및 애플리케이션 | 스마트 건강관리 서비스 | AI 기반 혁신의료 시스템 |
| 소분류 | - 바이오 빅데이터 처리시스템<br>- 의료데이터 변환시스템<br>- 임상료 구조화 및 표준화<br>- 다기관 임상데이터 분석 모델 플랫폼<br>- AI기반바이오 빅데이터 분석 시스템 | - 생체신호 측정기기<br>- 웨어러블 디바이스<br>- 바이오패치<br>- 다중 임상자료 병원 정보 시스템 | - 반성질환 환자 전주기 건강관리 서비스<br>- 개인 및 병원 연계기반 건강관리 서비스<br>- 스마트 기기 기반 중증환자 건강관리 서비스 | - ICT기반 원격 진단 및 모니터링 시스템<br>- 융합 데이터 기반 개인 맞춤형 의료 서비스<br>- 중증환자 실시간 위험예측 서비스 |

글로벌 IT기업을 중심으로 빅데이터 기반 플랫폼 중심으로 기술이 개발되고 있다. 미국의 IBM의 왓슨은 1,500만 쪽 이상의 전문자료, 200종 이상의 의학 교과서 등을 습득하여 이를 바탕으로 의료진에게 가장 적합한 치료법을 추천하는 임상 결정 지원 시스템으로, 폐암, 위암, 대장암 등 항암 치료에 투입되어 최적의 진료방법을 인간 의료진에 제안하고 있다. 또한 Google의 베릴리(Verily)는 환자데이터를 기반으로 중증질환자에 맞춤형 관리 서비스를 제공하고, 칼리코(Calico)는 신경질환 치료제, 암 치료제, 인간 유전자 연구를 통한 노화방지 연구를 진행하고 있으며, 딥마인드(Deepmind)는 AI를 활용해 10개의 안구질환을 진단하는 도구를 개발하는 등 의료 AI개발이 진행되고 있다.

또한, 영국, 독일, 핀란드, 네덜란드 등을 중심으로 AI 기반 원격 모니터링 플랫폼 및 생체신호 데이터 수집기기 분야에서 우위를 점하고 있다. Siemens는 영상의학, 의료 IT 부문의 최신 기술개발을 선도하고 있으며, 디지털 에코시스템을 바탕으로 의료기관과 서비스 솔루션 제공업체들을 위한 디지털 플랫폼을 구축하여 다양한 의료서비스를 제공하고, Phillips는 AI기반 원격 모니터링을 위한 데이터 수집, 처리, 분석, 진단을 지원하는 플랫폼 분야를 선도하고 있으며, 서버형 영상데이터 분석 솔루션 'ISP'을 개발하여 여러 영상진단 장비 정보를 빅데이터화 하여 병명을 종합적이고, 효율적으로 검토·추적 분석할 수 있게 하였다.

헬스케어 분야에 IoT기술(IoMT)은 네트워킹 기술을 사용하여 의료 정보 기술 시스템에 연결할 수 있도록 지원하는 의료기기 및 응용 프로그램의 융합을 의미한다. IoMT의 적용을 통해 다양한 건강 문제를 동시에 처리하는데 도움이 되고 있으며, 실시간 추적을 통해 환자들이 시의 적절하게 진단 및 치료를 받을 수 있게 된다. IoT의 핵심 영역 중 하나는 환자의 건강을 모니터링하는 것으로, 이외에도 센서, 모바일 헬스, 스마트 병원 등으로의 다양한 활용 방안이 존재한다.

인공지능 헬스케어는 다량의 데이터를 인간 수준의 지능을 활용하여 질병 진단, 예측 및 개인 맞춤형 치료를 할 수 있도록 개발된 기술이며, 의료 서비스 제공 업체의 관리 및 임상 프로세스를 단순화하여, 보다 데이터 중심의 개인화된 환자 중심 건강관리 시스템을 구축할 수 있다. 또한, 고령화 인구의 증가로 인한 요구를 충족시키기 위해서는 의사의 진료 부담을 줄여야 하며, 이를 위해 유망한 인공지능 기술로 챗봇이 부상하고 있다. 의료용 챗봇의 주요 기능은 건강 문제에 대한 사용자의 메시지를 받아 답변, 정보 또는 기타 필요한 조언을 제공하는 것으로, 병원 예약 또는 약물 규정 준수를 상기시키는 것과 같은 명령도 실행한다.

의료용 로봇(의료로봇)은 병원, 재활센터 등의 의료 현장에서 의료 인력을 보조하는 역할을 하는 로봇 기기를 의미하며, 주로 질병의 진단 및 수술과 재활훈련 등을 보조하는데 사용된다. 또한, 고정밀도 및 고난이도의 수술로봇, 치료재활분야 위주의 재활로봇, 반복 및 노동집약적 업무를 대신할 보조서비스로봇 등으로 개발이 이루어지고 있다.

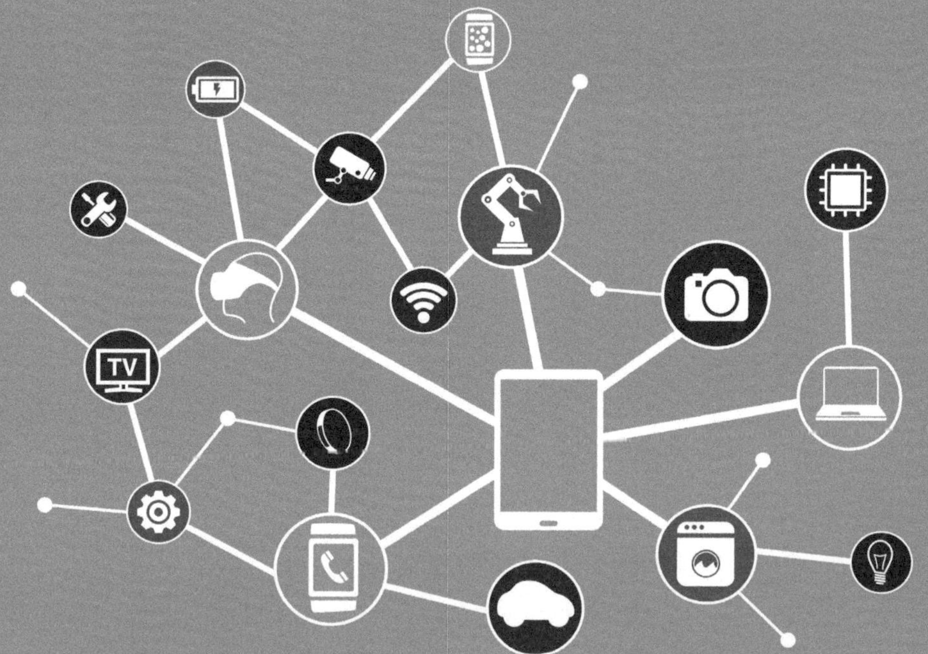


제3장

# 미래를 위한 기초지식의 확보

제3장

# 제01절 자기관리를 위한 창의성 개발과 미래 좌표

## 01 창의성 개발의 자세

일상생활 속에서 새로운 것을 발견하고, 사물을 과학적으로 보는 시각에서 느껴지는 것에 새로운 아이디어를 더하고, 더 좋게 만들고, 해결책을 제시하는 능력이 창의성이라 할 수 있다.

현대를 살아가는 모든 성공적 혁신은 독창적인 아이디어에서 시작되어, 기업의 독창성 제고는 기술경영을 위한 기본적인 아이디어 창출과 기초연구자들의 독창성을 어떻게 향상시키느냐 달려 있어, 독창성은 연구자의 의식에서 오는 '**자기세계관 확립**'과 '**철저한 진리의 추구**' 기존의 이론을 재검토하여 연구자 자기의 두뇌로 새로운 이론을 모색해 가는 창의적인 과정으로 파악해야 할 것이다. 따라서, 필요한 그 특성을 요약하면,

① 독창적인 활동에서 이론적으로 나타내는 현실적 정보를 경험에 비추어 기존의 이론으로 설명이 어려운 면이 있어, 이 의문을 문제시 하여 창의의 주제로 삼는다.

② 새로운 현실과 사고간의 부조화는 새로운 이론체계에로의 비약에 기폭제가 될 수 있어, 연구자의 이론체계와의 차이에 따라 정보나 경험은 예상 밖의 실험결과로 나타나 독창적인 업적의 기초와 원천이 될 수 있다.

③ 새로운 개발을 목표로 하는 연구가는 자기의 문제의식, 이념, 기존의 이론적인 체계, 알고 있는 상식 등에 사로잡혀 있어, 새로운 문제에 대한 도전보다는 보다 확실한 문제에 대하여 몰두를 해야 한다.
④ 스스로가 발견한 문제에 대하여, 기존에는 이론이 없는 관계로 새로운 이론의 정립에는 인내심이 따라야 하며, 강한 문제의식과 이념에 대한 주관이 있어야 하고, 이러한 과정을 통하여 새로운 이론이 나오게 되고, 여기에는 연구자의 개인적인 발상, 능력, 우연 등이 작용하고 있다.

또한, 아이디어의 착상을 위한 개인이 갖추어야 할 능력으로, 다음 12가지를 들 수 있다.

① **착상력(기획능력)** : 아이디어를 내는 능력으로, 독창적일수록 가치가 높다.
② **코디네이트 능력** : 일이나 사물을 종합적으로 정리하는 능력으로, 착상의 성패를 결정하며,
③ **다양성** : 폭 넓게 발상하는 원동력으로, 얼마만큼 많은 관점에서 사물을 볼 수 있나 하는 점과,
④ **전략성** : 장기적으로 유리하게 진행하는 능력으로, 전략 없이는 착상은 성공하지 못한다는 점.
⑤ **선견성** : 미래를 보는 능력과 예측으로, 신기술과 사회정세를 읽어 좋은 착상을 만듦.
⑥ **정보력** : 정보와 관련된 것을 신속하게 분석하는 능력으로, 지혜화된 것을 활용하며,
⑦ **리더십** : 조직의 목표를 향해 발휘하는 힘의 통솔력으로, 균형감각을 겸비해야 되며,
⑧ **판단력** : 기회를 잘 포착하는 능력으로, 중요한 일에 정보력이나 결단력이 필요함.
⑨ **절충과 교섭력** : 상대에게 인정받고 자기에 유리하도록 결과를 만들어 내는 능력이 필요하며,
⑩ **토론력** : 의논에 의해 상대에게 자기의 주장을 인정받는 능력, 협의와 의논으로 연마하는 면과,
⑪ **행동력** : 일을 실현시키는 능력, 일의 진보나 발전의 결과를 만드는 기반과 원동력이 있어야 하며,
⑫ **의지력** : 일 추진의 결과나 성과를 만들어 내는 자세로, 일의 순서에 따라 생각하는 힘이 필요로 하는 중요한 요소이다.

이러한 창조적 행위와 창의적인 역할을 한다면, 어떤 분야에서든지 리더가 될 수 있을 것이다.

한편, 어떤 사람은, "미래를 예측하는 최선의 방법은 미래를 창조하는 것"이라 하였다.

## 02 미래 좌표의 자기관리

본인의 전문 분야에서 개발과 창조를 하는 자세에서, 상세한 목표관리를 위해서, 방향성에 대한 제시를 다음 5가지로 실천할 수 있도록 항목 수립을 위한 것이다.

① 개인별로 5년에서 10년(20년) 후의 미래에 마땅히 있어야 할 자기 모습(미래상)을 희망하는 뜻으로 표현한 것이며,

② 비전은 추상적이어서는 아니 되며, 가능한 한 원하는 미래의 모습(그림)을 명확한 말로 표현하고, 위로는, 미션(Mission)과 아래로는, 전략(Strategy)의 연관 관계를 설명할 수 있어야 하고,

③ 강력한 비전은 조직의 미래에 대한 윤곽을 제시한 것으로, 자기 목표를 이루기 위해 염두에 두어야 하는 정신적인 틀을 제공하는 것이다.

④ 비전은 자신의 방향성을 제시해 주는 것이며, 멋진 캐치프레이즈에 머무는 것이 아니라, 실천을 해야 하는 바를 잘 제시해 주어야 한다.

⑤ 비전 제시는 위대한 자기개발을 위해 기본 방향을 명백히 해 주고, 개인의 눈앞에 보이는 이익보다 장기적으로 도움이 되는 행동을 유발하여, 사기혁신을 촉진시키며, 개개인의 힘을 한 방향으로 모아 각기 다른 행동을 가장 효과적으로 조화를 이루는 것이다.

또한, 지겨울 정도로 끊임없는 반복(Reiteration)의 고통을 견뎌낸 사람이 창의적인 결과물을 얻는다. 그래서, 마법은 없어 인내와 절제의 몰입 필요 탁월한 창의적 직관을 보여주는 사람치고 자신의 일에 미친 듯이 몰입하지 않은 사람은 없다.

피터 드러커는 "탁월한 생산성의 비결은 나의 일에 나의 시간을 낭비 없이 전부 사용하는 것이다."

**그림 3-1** 개인의 미래 비전을 위한 단계별 전략

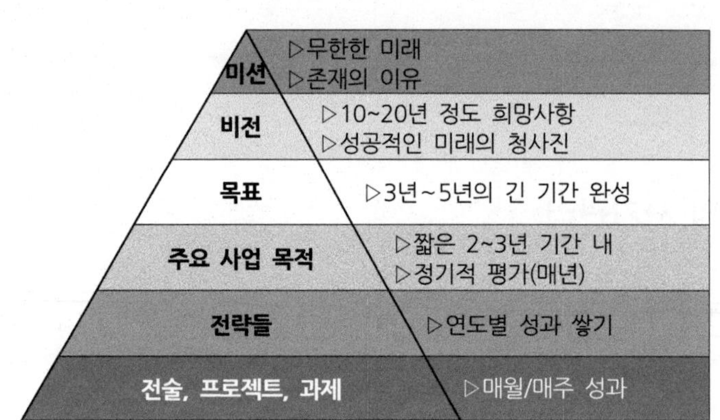


## 03 새로운 구상을 할 수 있는 자세와 환경

기존 제품에 대한 새로운 아이디어 발상은 즐기면서 몰두하는 것으로, 창조적 사고 또는 창조적 능력을 말하며, 결과물을 이야기하는 경우이고, 창조적 사고에 관한 연구에서 길포드라는 사람은 6가지의 창조성으로 구분하여,

① **문제의 감수성**, ② **유창성**, ③ **유연성**, ④ **독창성**, ⑤ **재정의(再定義)**, ⑥ **추고력(推考力)**으로 나눈다. 여기에서, 유창성과 유연성이, **창의성의 2가지 요소**이다.

자기의 창의력을 테스트하는 면에서 다음 항목 중 자기에 적합하다고 생각되는 것에 체크하여 밸런스차트로 창의력의 6가지를 확인한다.

### 1) 문제의식

① 언제나 문제의식 보유, ② 호기심이 강해서 자기/타인/환경에 대한 감수성이 예민, ③ 현 상태에서 만족하지 않음, ④ 항상 목표나 목적을 가지고 행동함, ⑤ 언제나 새로운 것을 추구함.

### 2) 독창성

① 의외성 보유, ② 독자성 보유, ③ 마음을 끌어 당기는 매력 보유, ④ 유머, 농담 보유, ⑤ 남의 말에 쉽게 빠짐.

### 3) 지각의 폭

① 여러 일에 여러 관점에서 받아들임, ② 감동하고 공감함, ③ 겉모습에 구애되지 않고 사물의 본질에서 봄, ④ 있는 그대로 관찰함, ⑤ 타인이 못 본 것을 알아차림.

### 4) 유연성

① 선입관을 갖지 않음, ② 옳고 그름을 끝까지 밝힘, ③ 고집하지 않고 상황에 맞춤, ④ 다른 가치관, 생각을 수용, ⑤ 타인의 의견을 경청함.

### 5) 연상력

① 많이 생각함, ② 즉시 생각해 냄, ③ 다양한 표현이 가능함, ④ 가공, 연구함, ⑤ 발상을 점차 전개함.

### 6) 의욕

① 끈기를 보유, ② 꺾이지 않고 포기하지 않음, ③ 집중이 가능, ④ 여러 번 생각함, ⑤ 도중에 타협하지 않음 등의 능력과 착안으로 새로운 것을 창의하는 것이다.

## 04 자신을 위한 기본 4가지 요건관리

① **품고(品高)** : 평소에 품의가 있는 언행과, 깔끔한 외모를 갖추어 활동한다.
② **지고(志高)** : 희망과 뜻을 세워, 기간별로 달성이 되도록 실천을 다 한다.
③ **문고(文高)** : 문장 표현력을 길러 글로 잘 나타낼 수 있는 능력을 기른다.
④ **수고(壽高)** : 평소 튼튼한 체력을 길러 힘든 일도 처리할 수 있어야 한다(몸이 약하면 참여의 기회를 주지 않는다).

## 05 실패 경험에서 쌓는 것들

실패는 그 자체로 배울 점이 많기에 비난해서는 안 되며, 실패의 다음은 성공이라는 사실을 잊지 말아야 한다. 창조는 갑자기 되는 것은 아니고, 수없이 실패를 거듭하는 데에서 이루어지고, 목표에 관한 체계적 사고를 하면, 이윽고 성공에 결실로 이어지는 것은 옛날부터 전해오는 말이다.

학습에는 실패는 따르게 마련이고, 자기 자신이 실패한 것은, 다음에는 어떻게 하든 실패를 해피 하려고, 자신의 행동을 어떻게 수정하면 좋을지 생각하고 실행하면, 숙달할 수 있다는 것이다.

한편, 실패는 누구든 하고 싶지 않은 것으로, 특히, 자신의 생활상에서 실패 · 실수가 드러냈을 때, 큰 실패이라면 처벌의 대상이고, 그에 대한 영향이 크지 않아도 월급 사정에 영향과, 회사 평판이 떨어지며, 떠들썩하는 여러 사람들의 화젯거리가 되고, 생활 속에 따라다녀 싫어지게 이어질 수 있다. 그 때문에 자신의 실패에 남들이 눈치 채지 않을 때는 그것을 숨겨버리고 싶어 하는 것은, 인간으로서의 자연적인 반응이다.

### (1) 실패의 주요 원인

실패 원인 분석 대책안과 수립과 방지책, 이를 계기로 하여, **자극**(刺戟, Stimulation)과 **분발**(奮發, Exertion)을 할 수 있는 기회로 만들자는 것이다. 따라서, 가장 기본적인 것은 다음과 같다.

① 현장, 현물을 잘 보지 않고 문제를 해결하려 한다.
② 정보를 잘 남겨두는 방법이 매우 서툴다.
③ 문제를 복잡하고 어렵게 생각하려고 하는 경향이 있다.
④ 문제를 보는 순간에 이미 선입견에 사로잡힌다.
⑤ 알고 있는 범위 내에서 결론을 도출하려고 한다.
⑥ 기초가 튼튼하지 못한 상태에서 욕심만 가지고 한다.
⑦ 한번 개선에 실패하면 완전히 포기하고 만다.

### (2) 실패하기 쉬운 생략 행위와 억측 판단

#### 1) 생략 행위

생략 행위에서 일어나는 실수 또는 사고는, 작업 순서를 빠뜨린다든가, 규정을 무시한 동작과 행위가 관련되는 것이 많아, 이것을 『**생략행위**(省略行爲)』라고 말한다. 현장에서 일어나는 안전사고들은 대부분 생략하는 행위에서 일어난다고 볼 수 있고, 휴먼에러를 일으키는 것은, 자신이 숙달한 재량이라 생각하여 이 같은 행위를 저지르는 것이다. 생략행위를 방지하는 데에는, 자기중심적인 감정을 억제하는 힘을 강한 트레이닝을 하거나, 풀프루프 장치 적용, 작업 중간에 정기적 점검 등으로 관리를 하면 개선될 수 있다.

### 2) 억측 판단

억측 판단에서, 명백한 근거도 없는 것으로 하여, 『괜찮다』, 『문제 없어』, 『이 정도면 충분해』하는 본인 주관으로 결정을 내려 진행하는 것을 『억측 판단(憶測判斷)』이라 한다. 이에 4가지의 이유가 있을 수 있다.

① 강한 원망(願望) : 위험성이 있는 곳에서 경보가 울리는 데에도 괜찮겠지 하며 진행을 하다 사고를 일으키는 유형이며,

② 정보와 지식의 불확실한 이해 : 안전율을 무시하거나, 막연한 이해를 기초로 하여 억측스런 행위에 의해 일어나는 사고와 실패이다.

③ 과거의 경험 : 『이 정도면 될거야』 하는 자기경험을 비추어 결정해 버리는 행위이며,

④ 선입관 : 어떤 대상에 대하여 자기가 이미 마음속에 가지고 있는 고정적인 관념을 적용해버리는 행위로, 안전과 실수에 대한 배려를 가로막고 사고에 이르게 한 행위이다.

## 06 실수 · 실패의 방지책

실패를 하지 않도록 하는 것은 먼저 원인을 분석하면 이들의 해결책이 나올 수 있다고 본다. 자세한 내용을 구분하여 다음 그림 3-2와 같이 3가지의 구역으로 나누고, 부문별 상세 원인을 추적한다.

① 자신(개인)이 임의로 판단한 원인으로, 무지(無知), 잘못 판단, 조사 · 검토의 부족, 환경 변화에 대응 미비 등이 있고,

② 조직적인 원인과 주위 분위기의 영향으로, 미지(未知), 기획 불량, 가치관 불량, 조직 운영불량 등이 있고,

③ 평범한 사람의 휴먼에러적인 원인으로는, 부주의, 순서 미준수, 개인 역량 부족, 착각으로 판단 실수 등이 있다.

**그림 3-2** 일의 시행착오, 실수 · 실패가 되는 주요 원인들

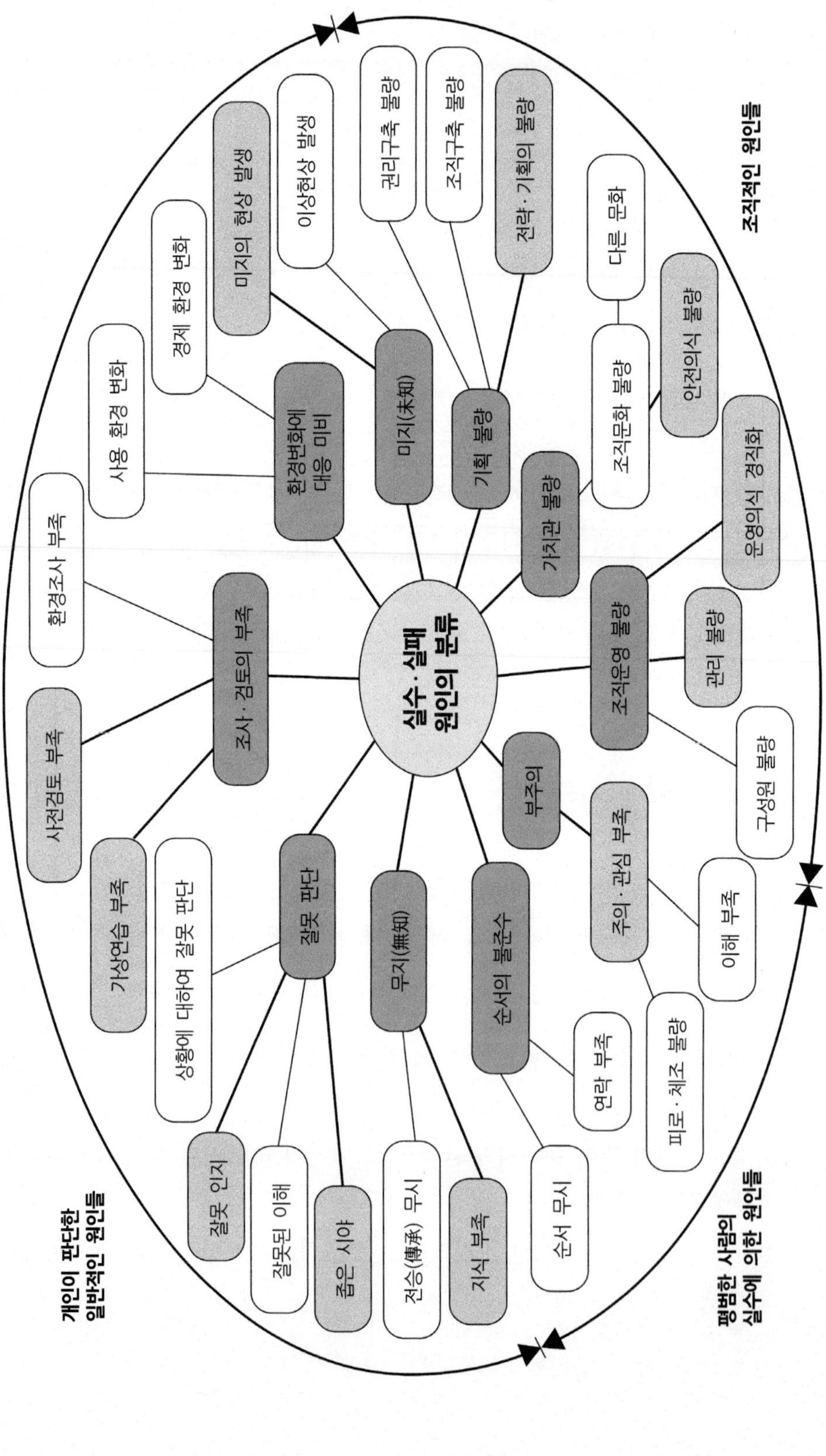

실수 · 실패 원인의 분류

개인이 판단한 일반적인 원인들

조사 · 검토의 부족
사전검토 부족
환경조사 부족
가상연습 부족

잘못 판단
상황에 대하여 잘못 판단
잘못 인지
잘못된 이해
좁은 시야

무지(無知)
전승(傳承) 무시
지식 부족

평범한 사람의 실수에 의한 원인들

순서의 불준수
순서 무시
연락 부족

부주의
주의 · 관심 부족
피로 · 체조 불량
이해 부족

조직적인 원인들

조직운영 불량
구성원 불량
관리 불량
운영의식 경직화

가치관 불량
조직문화 불량
다른 문화
안전의식 불량

기획 불량
권리구축 불량
조직구축 불량
전략 · 기획의 불량

미지(未知)
미지의 현상 발생
이상현상 발생

환경변화에 대응 미비
사용 환경 변화
경제 환경 변화

## 제02절 문서 작성 기획력과 보고서 만들기

글을 잘 쓴다는 것은 누구나 쉽지 않음을 알고 있다. 특히, 문장력이란 하루아침에 나오는 것이 아니고, 평소 연마한 노력이 있어야 하는데, 매일 일기를 쓰며 표현 능력을 다듬어 가면서, 다른 사람이 만든 문장을 많이 읽어 보기도 하며, 관련 자료를 많이 모아 활용하고, 이전에 내가 한 일에 대한 기억을 잘 메모하여 정확하게 나타내는 것도 필요로 하고, 어휘력(語彙力)도 좋아야 문장 전체가 적절하고 매끄러운 표현이 된다.

여기에다, 그 글의 내용을 더 잘 이는 사람에게 보여서, 조언(또는, 첨삭지노)을 자주 받는다면 금방 문장력이 향상될 수도 있다.

우리가 매일 보는 신문에서 '사설(社說)'의 2~3가지의 주제는 그때 사회적의 상황, 이슈, 관심사들이 다양하게 나오는데, 짧은 기간에서 그 분위기를 간파하여 핵심적인 요약의 표현한 신문기자들의 문장이니, 이런 것도 자주 읽어 보면서 표현하는 기법도 터득할 필요가 있다.

이에, 논문 시험에 대비한 당사자들의 표현 기법을 쌓기 위해 고심하는 학생들에게는 고민과 관심사들이다. 글을 쓴다는 것은 '머리가 아프다'라는 선입견으로 막노동하는 것보다 더 괴로운 일이다.

그렇지만, 이런 고통의 과정을 거쳐야 만이 살아가는 데에 필요한 필수 요소이니, 피하지 말고 즐겁게 받아들이면 해결이 된다는 것이다.

나폴레옹이 한 말에서 "펜은 칼보다 무섭다"라는 표현은, 어떤 일든지 그만큼 계획능력, 기획능력이 더 중요하고 앞서 가며, 지시에 따라야 한다는 의미이다.

이러한 발전의 과정이 지나면 실무로 이어져, 직장에서 사용되는 업무상에서 만들어지는 보고서 등에서 필요한 문장력, 표현기법, 설계기법 등은 평생 따라 다니는 서류를 만드는 데에 쓰이는 계획서, 보고서 등은 능력이니,

용도나 요구사항에 따라 논리적인 사고의 표현이 필요로 할 때 여러 사람이 함께 합리적인 의사결정이 내릴 때 요구되는 능력이라 볼 수 있다. 이러한 논리적 사고의 표현은 지적인 활동에 요구되어 딱딱하고 어렵게 느껴진다.

일반적인 문장의 표현 방법에서, 크게 2가지로 구별하여 표현한다.

① 귀납법(歸納法) : 원리를 전제로 하여 일반적인 사실이나 원리로서의 결론을 이끌어

내는 표현 방법으로, 즉, **증명**을 먼저 하고 **결론**을 나타내는 방법이다.

② **연역법(演繹法)** : 원리를 결론으로 이끌어 내는 추리 방법으로, 경험에 의하지 않고 논리상 **단정**을 먼저 내리고, **결론**을 내게 하는 것으로, **삼단 논법**이 그 대표적인 형식이다.

유사한 표현법이, **정언 삼단논법**으로, 3개의 정언 명제와 3개의 개념으로 이루어진 연역추론으로, 이 **삼단논법**(서론 · 본론 · 결론)의 두 전제와 결론이 모두 표준 형식의 정언 명제이고, 대전제, 소전제, 그리고, 결론의 순서로 배열되어 있을 때 표준 형식의 정언 삼단논법이라고 한다.

또한, 문장의 표현 방법에 따라서, **직유법**과 **은유법**이 있고, **의인법**(의인화)과 **활유법**, **대구법**과 **대조법**이 있는데, 보고하는 대상과 용도에 따라 문장을 매끄럽게 표현하는 기법도 필요로 한다.

## 01 논술적 표현 요령

### (1) 논술 · 논문 작성 요령과 형식

주제 제시는, 그 조직에서 문제를 제시하는 요즘 사회적인 이슈 또는, 관심 을 가지고 있는 부문, 학교와 관련이 있는 것을 제시한다. 어려운 주제는 아니지만 표현을 논리적이고, 적당한 분량, 전문지식 등의 내용이 들어가야 인정을 받을 수 있다.

논술문 작성의 단계로,

① 논제를 파악하고,
② 논제와 관련하여 여러 측면에서 생각해 본다.
③ 자신의 입장을 세워보고, 주장하고자 하는 바를 한 문장으로 표현해 본다.
④ 주장을 뒷받침하는 적절한 근거를 생각해 본다.
⑤ 근거들이 논리적이며, 유기적으로 연결될 수 있도록 배열한다.
⑥ 글의 개요를 작성한다.
⑦ 개요에 따라 글을 쓴다.
⑧ 글 전체를 비판적 관점에서 검토하고 수정, 보완한다.

### (2) 주제를 예상하여 예를 들어 보면,

① 세계적인 경기 침체에서 한국이 나아가야 할 방향은 무엇인가?
② 대학교의 중장기의 관리지표를 제시한다면 어떤 것들이 있을까?
③ IT분야의 발달이 현대사회에 미치는 악영향은 어떤 것들이 있는가?
④ 환경관리와 미래 에너지관리를 위한 어떤 방안들이 있을까?
⑤ 글로벌화 시대에서 청소년들이 갖추어야 할 조건과 마음가짐, 행동 등
⑥ 기타, 주제들로, 고령화 시대의 대책, 한국의 수출사업의 전망, 실버산업에 대한 기대, 기업환경경영개선과 전략 등을 제시할 수 있고,
⑦ 현재, 청년들이 안고 있는 3가지 과제에 대한 의견 등을 제시.

### (3) 논문 서술의 형식의 예

#### 1) 서론 또는 서언

일반적으로 서언(序言)이라 쓰며, 이 부분은 주제에 대한 내용 전체를 대변하고, 어떻게 전개하겠다는 내용으로 함축하여 표현하는 것으로, 보통 1~2페이지 정도의 분량으로 쓴다.

#### 2) 본론

본론이란 단어는 잘 쓰지 않고, 주제에 대한 구체적인 내용들을 말한다.

① 주제에 관한 취지, 현상, 특성, 당의성, 등이 들어가고, (2-1. ○○의 특성)
② 문제점, 해결과제, 이슈, 이해관계 등이 들어가며, (2-2. ○○의 해결 과제)
③ 기본적인 대책과 잠정적인 대책이 들어가야 하며, (2-3. ○○의 대책안)
④ 결말을 맺어 나가는 방향을 제시한다. (2-4. ○○의 방향 제시)

#### 3) 결론

보통 결언이라 표현하고, 또는, '고찰', '맺음 말'이라 한다.

① 자기의 확실한 주관적인 내용, 경험과 예측을 넣어 색깔 있게 나타내며,
② 결론은 3가지 정도로 요약하여 맺음을 표현할 수 있다. 위 본론에서 이미 나온 내용을 요약하여 쓰는 것이 대부분이다.

③ 따라서,

㉠ '새로운 의견, 주장'을 표현한다.

㉡ 검정된 내용으로 '이론적인 제시'를 하며,

㉢ 연구 주제에 대하여 '본인의 확실한 주관'을 제시하는 결론을 낸다.

## 02 체계적인 보고서 작성 요령

계획서는 다양한 방식, 양식, 계획서는 중요한 역할로, 개념의 구분에 규칙에는,

① 구분의 기준이 명료해야 하고,
② 구분의 기준이 하나로 통일되어야 하고,
③ 구분은 총괄적이어야 하고,
④ 구분은 배타적이어야 한다(상호 중첩되어서는 안 된다는 점).

또한, 내면에 들어 있는 정의로,
정의는 종(種, 종류)의 본질적인 속성의 기술을 나타내야 하며, 순환적이어서는 안 되며, 너무 넓어서도, 너무 좁아서도 안 된다. 정의는 애매모호하거나 또는, 비유적인 표현을 사용해서는 안 되고, 긍정적인 정의가 가능한 경우에는 부정적인 정의를 해서는 안 된다.

### (1) 업무계획에 관한 보고서

#### 1) 업무추진 계획서, 프로젝트 계획서 등

공적인 업무에서 훌륭한 사업 모델을 어떻게 기획할 것인가에서,

◉ 대상 고객은 누구이며, 고객가치는 무엇인가?
  - 이 사업에서 어떻게 돈을 벌 것인가?
  - 적정 가격으로, 가치를 어떻게 고객들에게 전달할 것인가?

◉ 무엇을, 어떻게 차별화하여 사업을 전개할 것인가?

◉ 모방의 난이성은? 대체품의 존재 및 출현 가능성이 있는가?

◉ 사업계획에서 나타내야 할 항목들에는,

① **회사 개요**에는

1-1. 회사현황 및 연혁, 1-2. 자본금 및 주주 현황, 1-3. 비전 · 경영이념, 1-4. 사업 개요, 1-5. 조직 및 인적자원, 1-6. 주요 경영목표, 1-7. 전략적 제휴

② **경영관리와 제품에 대한 서비스 면**에서는,

2-1. 사업전략방향, 2-2. 사업영역/사업포트폴리오, 2-3. 핵심역량과 핵심제품, 2-4. 산업 및 시장 분석, 2-5. 산업구조분석, 2-6. 경쟁분석, 2-7. 제품/서비스 및 개발계획, 2-8. 매출 계획 등이 들어가야 하며,

③ **마케팅 전략**에서는,

3-1. 기본 개념, 3-2. 시장/고객 세분화 및 마케팅, 3-3. 마케팅 믹스 등이 들어가야 하며,

④ **생산 계획**에서는,

제품의 특성에 따라 생산을 어떻게 할 것인가를 구체적으로 계획을 기획해야 하고, 생산 관련 설비 계획, 공정 계획, 품질 계획, 인력 계획, 자재 조달 계획, 원가절감 계획 등 생산 계획에는 많은 요소들이 검토되어야 한다.

⑤ **재무 전략**에서는,

5-1. 개요, 5-2. 재무제표, 5-3. 사업타당성 분석, 5-4. 투자소요자금 및 자금조달계획, 5-5. 자금상환계획, 5-5. 투자 포인트 등이 있다.

### 2) 기타, 문서, 보고서의 구성

위와 같은 보고서와 완료 보고서 등의 구성 목차의 배치는, 다음과 같이 일반적으로 표현을 한다.

① 표지에 보고서 제목, 일자, 작성자(제출 대상)

② 목차 난에는 ○○○보고의 개요, 현황, 추진 목표

③ 추진 일정(표)

④ 문제점 및 개선 방안, 협조 요청 등

⑤ 소요 예산
⑥ 기대 효과, 결과치, 애로점
⑦ 사업 전후의 비교(사진)
⑧ 향후 추진계획
⑨ 연계사항(본 업무관련 지원)
⑩ 결론(마무리)

### (2) 업무에 대한 결과 보고서

한 주제에 대한 결과의 보고로, **추진 배경과 목표**에서 **현황 및 문제점 분석, 도달 수준**, 실적 평가에서는 계획 대비 실적(비율 등), **성과** 및 **효과**적인 면에서는,

① **정량적(定量的) 평가** : 수량, 수치 등의 단위로 표현할 수 있는 결과치로, 생산성 향상, 품질 개선으로 불량률(%) 줄임, 리드다임(생산 시간) 줄임, 원가절감, 성력화/성인화(에너지, 인력을 줄임) 효과 등이 있고,
② **정성적(定性的) 평가** : 양적으로 평가할 수 없는 결과치, 또는 질적인 평가의 결과로, 예를 들어, 작업환경 개선, 미래 비전 및 희망사항 등이 해당된다.
③ 기타, **기대효과**의 내용이 들어가야 하고, **향후 계획과 대책**, 본 업무와 연계된 일의 추진계획을 마지막에 넣어 보고서를 마무리 한다.

### (3) 문제 발생 등의 보고서

대표적인 방식이 **6하 원칙** 『누가(who), 무엇을(what), 언제(when), 어디서(where), 왜(why), 어떻게(how)』에서, 추가 되어야 할 것이 **원인**과 **대책**이며, **재발방지**를 위한 향후 계획으로, **근본적인 대책**과 **잠정적 대책**이 들어가야 한다. 이런 내용이 들어가 있다면 기본이 잘된 보고서라 볼 수 있다.

이러한 보고서는 회사 또는 단체에서 상사나 전체에 알리는 것으로, 내용의 정확성이 중요하므로, 과정이나 결과가 상세하게 표현이 되어야 한다.

기업체에서 가끔 작성해야 하는 **품위서, 사고 보고서, 경위서, 자술서, 추천서, 시말서** 등의 문서 작성도 이러한 6하 원칙에 따라 표현을 하면 된다.

자필체의 필체 다듬기의 훈련 예시

달아래에서거문고를타기는근심을잊을까함이러니
춤곡조가끝나기전에눈물이앞을가려서밤은바다가
되고거문고줄은무지개가됩니다거문고소리가높았
다가가늘고가늘다가높을때에당신은거문고줄에서
그네를뜁니다마지막소리가바람을따라서느티나무
그늘로사라질때에당신은나를힘없이보면서아득한
눈을감습니다아아당신은사라지는거문고소리를따
라서아득한눈을감습니다

김 영 현 씀

대련 19세기『가을 물 깊어도 겨우 너댓 자, 녹음 사이사이에는 두서너 집뿐』

본성이란누구나알수있는곳에강추이보석과같
습니다본성을찾으면영혼이빛나기시작합니다
그빛은태양보다밝으며달보다도환하고별보다빛납
니다본성을빛나게하는세가있습니다첫번째수우
하게기뻐하는것이요두번째조건없이감사하는것
이요세번째진심으로사랑하는것입니다본성
의빛을찾아서용기있게움직여보세요나의용
기가세상에빛이될것입니다

이 현 미 씀

## 03 기록보존문화의 사고(思考)

### (1) 기록 자료의 등록과 의미의 예

유네스코에 등록된 국보 제32호인 우리의 '고려팔만대장경'의 기록문화는 우리민족의 위대한 유산이다. 왜 이런 엄청난 기록물을 만들어 남겼을까, 이것은 고려시대 때 원나라의 침입에 맞서서 국운이 어려울 때 불경의 심오한 뜻을 불심의 힘을 모아 난국을 극복하려는 것으로, 고려 고종, 서기 1236년에서 1251년 사이 16년간에 걸쳐 제작을 하였으며, 투입된 연 인원이 2만 명에, 1,000여명의 목각수들이 공동으로 제작한 대장경은, 총 86,340개의 경판으로 5,200여 만자로, 구양순체로 표준화가 되어 있고, 완벽한 목차(Indexing)를 갖추고, 오자와 탈자가 하나도 없는 완벽한 대작이며, 780여년이 지난 지금도 변화가 없는 목판으로 된 기록물이다. 그러니 우리 민족은 문화 민족임이 틀림없다.

한편, 성경(聖經)은 총 66권으로, 1,600여년 동안에 걸쳐 만들어졌으며, 40여명의 저자인 왕(王), 시인, 선지자, 정치인, 철학자, 어부 등 많은 사람들이 참여하여, 내용 구성 등이 인간 생활과 완벽하게 일치하는 세계 최고의 베스트셀러이며, 신앙의 최고 법전이 되는 책이다.

이러한 '**기록보존문화**'의 유산들을 볼 때, 기업에서 일어나는 일의 기록과 보존의 사고(思考)를 달리하여, 후배들이나 다음 세대가 봐서 참고가 되는 자료를 남겨야 할 것이며, 현대 사회는 컴퓨터의 활용으로, 첨단기술, IoT, AI 등으로, 엄청난 자료들이 쏟아져 나오고 있는데, 필요한 자료들의 정리와, 기록과 활용, 보관하는 습관을 길러야만 할 것이다.

**그림 3-3** '고려팔만대장경' 경판의 하나

경판 하나의 크기는 가로 70㎝, 세로 24㎝ 내외, 두께는 2.6~4㎝, 각 판의 무게는 3~4㎏, 글자는 각 판의 앞뒤 양면에 440자 내외, 각 글자의 크기는 가로·세로 2.0㎝ 정도

### (2) 자료의 정리와 표준화(Data Base)

표준화에서 하는 여러 가지 업무, 제품의 품질과 형상, 제조방식 등을 자유방임적인 상태로 두고, 어떤 약속에 기초로 공통화, 단계화를 하여 일정의 질서를 유지하면서 업무수행의 정확성과 통일성, 속도 등을 올리기 위해 규정을 확립하는 것이 필요로 하며, 각종 업무를 표준화를 함으로써 다음에 만든 생산시스템은 기존의 시스템에서 얻은 기술과 노하우가 반영 · 활용되어지고, 보다 강한 기술력을 쌓기 위함으로 조직적으로 실시하는 것이 중요하다.

# 제03절 CAD로 도면화 하는 설계능력

## 01 설계용 컴퓨터 다루기

제도나 설계 방법의 발달로, 컴퓨터를 사용하여 원하는 모든 것을 입력하여 활용하고, 더 좋게 개선하고, CAE로 검증까지 할 수 있는 수준까지 와 있으니 CAD를 다루는 능력은 기술인들에게는 필수적인 사항이다.

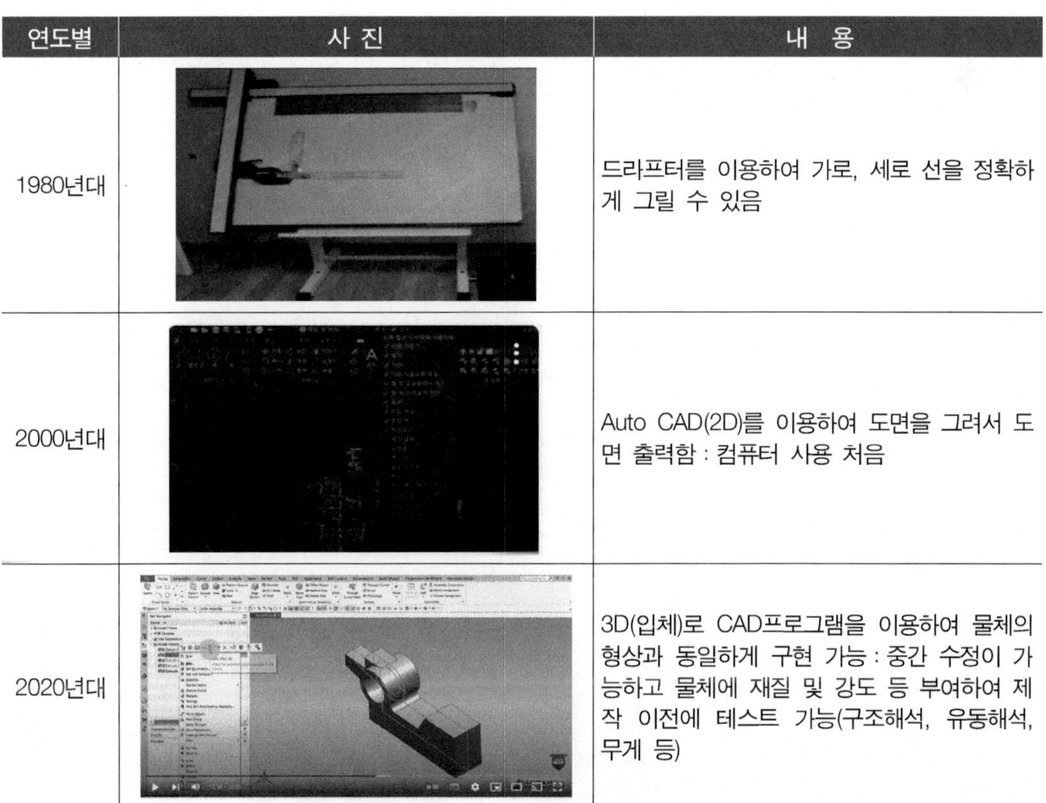

| 연도별 | 사 진 | 내 용 |
|---|---|---|
| 1980년대 |  | 드라프터를 이용하여 가로, 세로 선을 정확하게 그릴 수 있음 |
| 2000년대 |  | Auto CAD(2D)를 이용하여 도면을 그려서 도면 출력함 : 컴퓨터 사용 처음 |
| 2020년대 |  | 3D(입체)로 CAD프로그램을 이용하여 물체의 형상과 동일하게 구현 가능 : 중간 수정이 가능하고 물체에 재질 및 강도 등 부여하여 제작 이전에 테스트 가능(구조해석, 유동해석, 무게 등) |

과거에, T자나 드라프터를 이용하여 제도하는 시절은 지나고, 컴퓨터를 이용한 도면을 그리고 있다.

2D CAD로 그리는 기업도 아직 많으나 3D CAD로 모델링하는 추세이며, 모든 기업에서는 3D CAD로 모델링 하는 기본 능력을 확보하여야 한다.

3D CAD로 모델링 하면 제품을 제작하기 이전에 실물과 동일하게 모델링 하고 재질을 부여하여 기준에 부합하는지 테스트가 가능하고, 각종 해석이 가능하여 제품을 제작하기 이전에 강성 등을 미리 알 수 있다.

또한, 3D CAD로 모델링한 도면은 STEP파일로 전환하면 다른 3D프로그램에서도 볼 수 있으며 활용이 가능하다.

## 02 CAD소프트웨어의 메이커별 종류와 특징

분야별 CAD의 종류로는, 기계계 CAD, 건축계 CAD, 토목계 CAD, 전기계 CAD, 전자계 CAD, 기타로, 의류업계, 과학 분야, 시설관리 등이 있다. 다음 표 3-1은 CAD를 만든 회사별 적용 분야별 특성을 나타낸 종류이다.

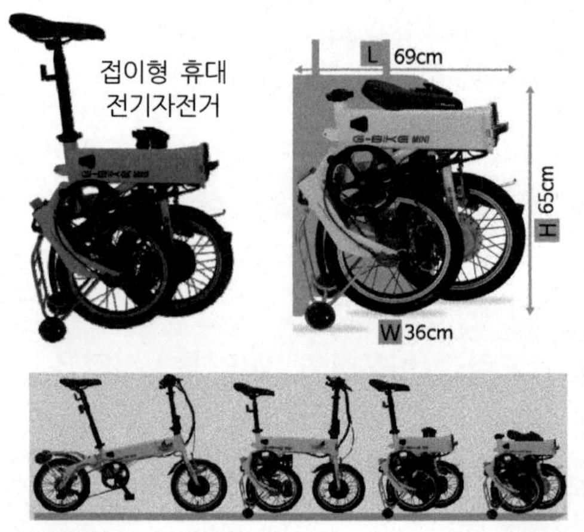

**표 3-1** 산업용 CAD 소프트웨어의 종류

| 종 류 | 특징 | 적용 분야 | 개발국, 적용 업무 |
|---|---|---|---|
| ADAMS | CAE | 운동하는 물체의 기구/동력학 해석 | 미국 Mechanical Dynamic Inc |
| ADINA | CAE | 구조해석, 열전달 해석, 전자기 및 유체 해석 | 미국 ADINA R&D, Inc. |
| AutoCAD (오토캐드) | CAD | 2D, 3D 설계 | 미국 AutoCAD사 |
| CAMEX | CAD | CAM, 정밀금형 5축 지원 | 미국 CAMEX사 |
| CATIA (카티아) | CAD | CAM, 상품기획에서 생산까지를 일괄처리 | 프랑스 DASSAULT사(공급IBM) |
| CIMATRON (시마트론) | CAD | CAM, 3D 모델링 및 고속가공, 금형설계/제작 | 이스라엘 CLAL Computer & Technologies사 |
| CIMLINC CAD/CAM | CAD | CAM, 디자인 설계제조분야 | 미국 CIMLINC사 |
| FEMAP | CAE | 구조해석 | 미국 ESP사 |
| Gibbs CAM | CAM | 2D, 3D 모델링 및 가공 | 미국 Gibbs & Associates사 |
| IDEAS (아이디스) | CAD/CAE | CAM, 설계 가공, 해석 | 미국 SDRC사 |
| MOLDFLOW | CAE | 사출금형설계해석 | 호주 MOLDFLOW사 |
| MSC/NASTRAN | CAE | 구조적 · 동적해석 | 미국 MSC사 |
| PAM-STAMP | CAE | 자동차 박판해석 | 미국 ESI Group사 |
| PATRAN | CAE | 범용 해석 | 미국 PDA Engineering사 |
| Power SHAPE | CAD | CAM, 제품설계, 개발, 금형제작 | 영국 DELCAM사 |
| Pro CAM (프로캠) | CAD | CAM, 2D, 3D모델링 및 가공 | 미국 Alanilam사 |
| Pro Engineering | CAD/CAE | CAM, 모델링 및 기구개발, 해석 | 미국 P.T.C사 |
| Solid Works (솔리드웍스) | CAD | 기계부품설계, Data저장/관리 | 미국 Solid Works사 |
| Speed+ | CAM | 2D, 3D모델링 및 가공 | 한국 터보테크사 |
| SYSWELD | CAE | 용접구조물해석 | 프랑스 FRANASOFT사 |
| Think Design | CAD | 3D설계 | 이태리 Think사 |
| Unigraphics(UG) (유니그래픽스) | CAD | CAM, 제품설계가공 | 미국 Unigraphics Solutions사 |
| Z-STAMP | CAE | 자동차 박판해석 | 한국 큐빅테크사 |

# 제04절 프로그램(Programming) 짜는 능력

## 01 CNC(Computer add Numerical Control) 프로그램

CNC프로그램이란 주어진 도면의 제품을 가공하기 위하여 가공 공정을 CNC 장치가 이해할 수 있는 표현 형식으로 바꾸는 작업이며, 프로그래밍이란 사람이 이해하기 쉽도록 되어 있는 도면을 NC 장치가 이해할 수 있도록 NC언어(G00, G01, M02, T0101 등)를 이용하여 표현하는 작업이다. 가공이 이루어질 때에는 기계에 따라 공작물은 고정되어 있고 공구가 이동하는 방법과 공구는 고정되어 있고 공작물을 고정한 테이블이 이동하는 방법이 있지만 CNC 프로그램을 작성할 때에는 항상 공작물은 고정되어 있고 공구가 공작물 주위를 움직인다고 가정하고 프로그래밍 한다.

프로그램 짜는 기본적인 절차

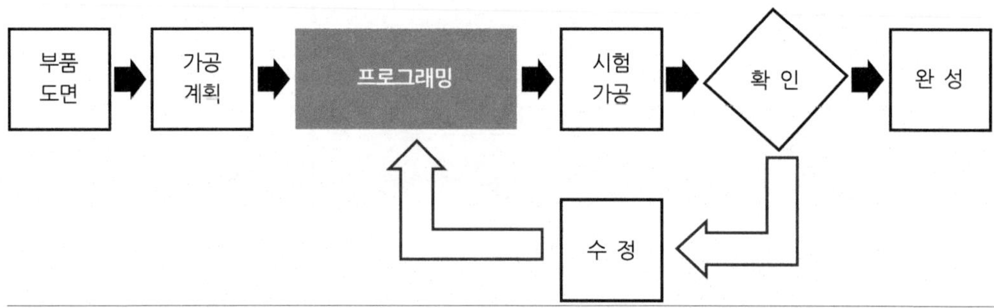


프로그램의 언어(word)는 어드레스(Address)와 수치(data)로 구성되며, 어드레스는 알파벳(A~Z) 중 1개로 하고 다음에 수치를 지령한다.

예 X (Address) + 200 (수치)

Word의 선두에는 대문자 알파벳을 하나만 사용할 수 있고, 알파벳 소문자나 2개 이상을 지령하면 알람이 발생하므로 MO3, M03 등 알파벳 O와 숫자 0을 잘 구분해서 사용해야 한다. 단, 특수문자는 하나의 Word로 인식한다.

수치 명령 중에서 앞에 명령된 "0"은 생략할 수 있다.

예 G00 → G0, G01 → G1, M03 → M3

수치의 최소 명령단위가 0.001mm이며, 소수점을 사용할 수 있는 어드레스는 X, Y, Z, U, V, W, I, J, K, R, C, F이다.

예 X100. : 100mm, Y100.5 : 100.5mm

어드레스의 의미

| 기 능 | 어드레스 | 의 미 | 기능 | 어드레스 | 의 미 |
|---|---|---|---|---|---|
| 프로그램번호 | O | 프로그램 번호(이름) | 보조 기능 | M | 기계 동작부의 On/Off 제어 명령 |
| 전개번호 | N | 전개번호(작업 순서) | 주축 기능 | S | 주축회전수(rpm) 또는 절삭속도(mm/min) |
| 준비기능 | G | 이동형태(직선, 원호 등) | 공구 기능 | T | 공구번호 및 고구보정 번호, 와이어 경사각 |
| 기본 좌표축 | X, Y, Z | 각 축의 이동위치 결정 (절대 방식) | 공구보정번호 | D, H | 공구지름 보정, 공구길이 보정 |
| 직선 부가축 | U, V, W | 각 축의 이동거리와 방향지정(중분 방식) | 일시정지 | P, U, X | 일시정지(dwell) 시간의 지정 |
| 회전 부가축 | A, B, C | 부가축 | 보조 프로그램 | P | 보조 프로그램 번호 및 반복횟수 명령 |
| 원호중심의 축방향 성분 | I, J, K | 원호중심의 각 축성분, 모따기량 | 가공조건의 호출 | S | 가공조건 번호 호출 |
| 원호의 반경 | R | 원호의 반지름, 코너R | 전게번호 시정 | P, Q | 복합 고정 사이클에서 의 시작과 종료 |
| 이송 기능 | F, E | 이송속도, 나사의 리드 | 반복횟수 | L | 보조 프로그램의 반복횟수 |

어드레스(Address)와 데이터(Data)

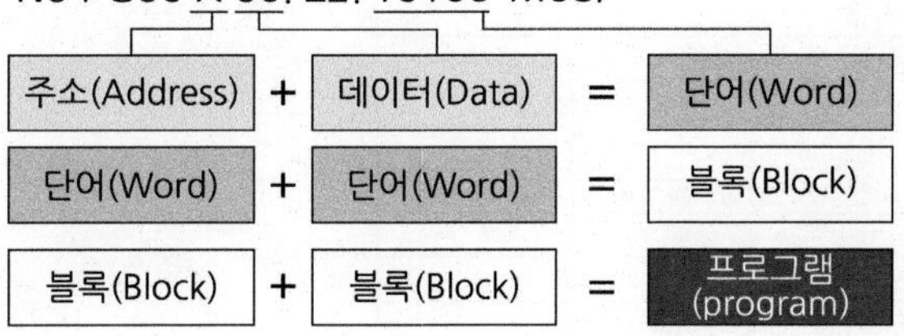

**표 3-2** CNC프로그램의 주요 G, M 코드(CNC 밀링용)

| G코드 | | M코드 | |
|---|---|---|---|
| 코드명 | 기 능 | 코드명 | 기 능 |
| G00 | 위치결정 | M00 | 프로그램 일시정지 |
| G01 | 직선보간 | M01 | 옵셔널 스톱 |
| G02 | 원호보간(시계방향) | M02 | 프로그램 종료(종료와 리셋) |
| G03 | 원보간(반시계방향) | M03 | 주축 정회전(시계방향) |
| G04 | 일시정지(드웰) | M04 | 주축 역회전(반시계방향) |
| G07.1(G107) | 원통형 보간 | M05 | 주축 정지(회전 정지) |
| G08 | 선행제어 | M06 | 공구 교환(ATC 사이클 개시) |
| G09 | 이그젝트 스톱 | M08 | 절삭유 ON |
| G10 | 데이터 설정 | M09 | 절삭유 OFF |
| G11 | 데이터 설정모드 취소 | M10 | 4축 클램프 |
| G17 | XY평면 설정 | M11 | 4축 언클램프 |
| G18 | ZX평면 설정 | M19 | 주축 정위치 정지 지령 |
| G19 | YZ평면 설정 | M20 | 자동전원 차단 |
| G20 | 인치 데이터 입력 | M29 | 리지드 탭 모드 |
| G21 | 메트릭 데이터 입력 | M30 | 프로그램 종료시 선두로 |
| G27 | 원점복귀 검사 | M33 | 공구수납 |
| G28 | 자동원점 복귀 | M46 | 센서절환신호 ON |
| G29 | 원점으로 복귀 | M47 | 센서절환신호 OFF |
| G30 | 제 2, 3, 4원점 복귀 | M51 | 에어 브로우 ON |
| G31 | 스킵기능 | M53 | 센서 에어 브로우 ON |
| G40 | 공구경 옵셋 취소 | M55 | 오일 미스트 ON |
| G41 | 공구경 옵셋 보정, 왼쪽 | M59 | 에어 브로우 OFF |
| G42 | 공구경 옵셋 보정, 오른쪽 | M70 | 워크 카운트 |
| G43 | 공구길이 옵셋, + | M73 | Y축 미러이미지 OFF |
| G44 | 공구길이 옵셋, − | M74 | Y축 미러이미지 ON |
| G49 | 공구길이 옵셋 보정 취소 | M75 | X축 미러이미지 OFF |
| G52 | 지역좌표계 선택 | M76 | X축 미러이미지 ON |
| G53 | 기계좌표계 선택 | M88 | 스루스핀들 절삭유 ON |
| G54∼G59 | 공작물 좌표계 1, 2, 3, 4, 5, 6 선택 | M89 | 스루스핀들 절삭유 OFF |
| G61 | Exact stop mode | | |
| G63 | 탭핑 모드 | | |
| G64 | 절삭 모드(exact stop check mode) | | |
| G65 | 마크로 호출 | | |
| G73 | 고속 심공 사이클 | | |
| G74 | 역회전 탭 사이클 | | |
| G76 | 파인 보링 사이클 | | |
| G80 | 홀 가공 고정 사이클 | | |
| G81 | 스폿 드릴링 사이클 | | |
| G82 | 카운터 보링 사이클 | | |
| G83 | 심공 드릴링 사이클 | | |
| G84 | 탭핑 사이클 | | |
| G85 | 보링 사이클 | | |
| G87 | 백 보링 사이클 | | |
| G88 | 보링 사이클 | | |
| G90 | 절대 지령 | | |
| G91 | 증분 지령 | | |
| G92 | 주축 최고 회전속도 설정, 공작물 좌표계의 변경 | | |
| G94 | 분당 이송 | | |
| G98 | 초기점 복귀 | | |
| G99 | R점 복귀(홀 가공 고정 사이클) | | |

## 02 로봇의 티칭(teaching)

산업용 **로봇의 티칭**(Teaching)은 로봇 프로그램을 작성하는 것을 의미한다. '로봇을 티칭한다' 또는 '로봇을 프로그래밍 한다'고 말한다. 로봇은 내부의 로봇 프로그램을 작성하면 프로그램에 따라 동작하고, 로봇 프로그램은 베이직과 비슷하고 간단한 문법으로 구성되어 있다.

다른 프로그래밍 언어와 다른 로봇 프로그래밍만의 특징은 위치 포인트를 따로 입력해야 하는 것이다. 로봇이 이동하는 경로 상의 위치 포인트를 입력하고 로봇 프로그램에서 각 포인트를 참조하여 로봇을 이동시킨다. 로봇 컨트롤러에는 대부분 입출력 포트를 내장하고 있다. 로봇 프로그램에서는 입출력 포트의 상태를 읽거나 쓸 수 있고 입력 포트의 상태에 따라 조건 분기할 수 있는 명령어를 내장하고 있다. 보통 일반 PC 프로그램은 하드웨어와 독립적으로 동작하지만 로봇 프로그램은 로봇이라는 하드웨어에 종속되어 있다.

로봇의 티칭은 대부분 **티치 펜던트**(Teach Pendant)를 이용하지만 가끔은 PC를 이용하기도 한다. 티치 펜던트는 아래 그림과 같이 LCD와 버튼으로 구성되어 있고 버튼으로 로봇 프로그램을 입력할 수 있다. 티치 펜던트는 긴 통신선으로 로봇 컨트롤러에 연결되어 있기 때문에 로봇의 동작을 관찰하기 위해 자유롭게 이동하면서 프로그래밍을 할 수 있다.

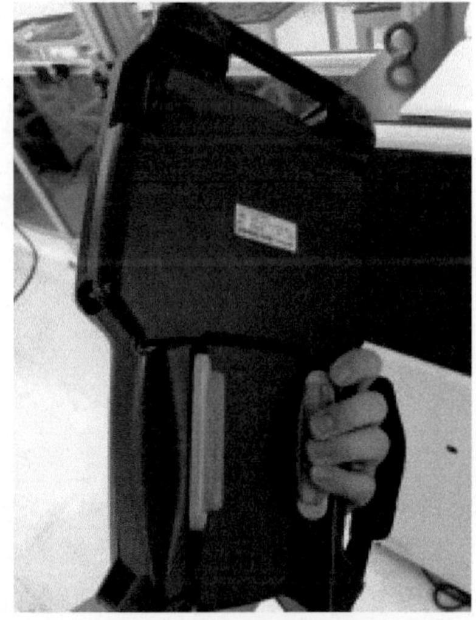

입력용 티치 펜던트 사진

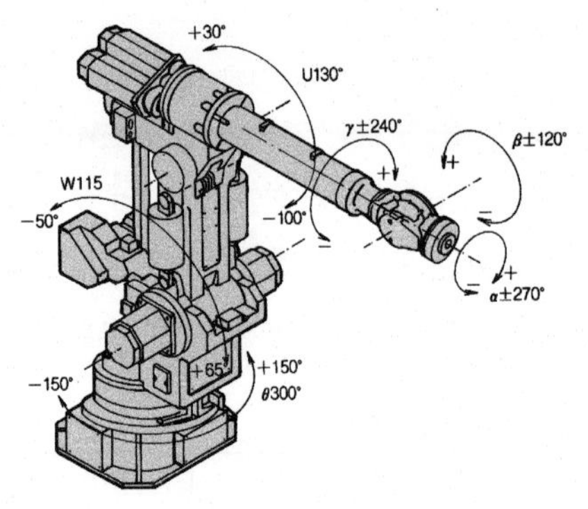


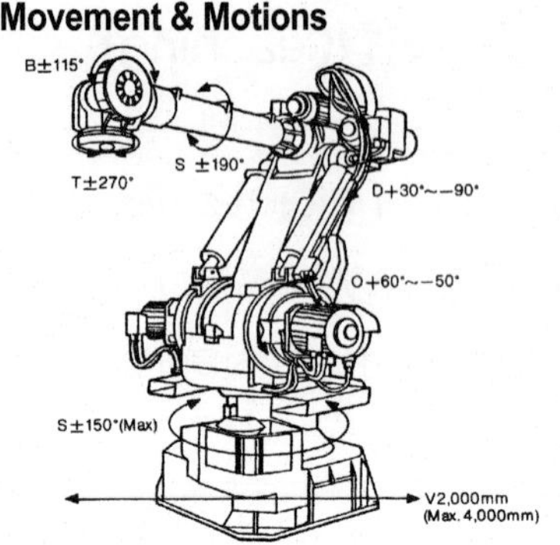


## 03 PLC, 시퀀스제어 프로그램

PLC(Programmable Logic Controller)란, 종래에 사용하던 제어판 내의 릴레이, 타이머, 카운터 등의 기능을 LSI, 트랜지스터 등의 반도체 소자로 대체시켜, 기본적인 시퀀스 제어 기능에 수치 연산 기능을 추가하여 프로그램 제어가 가능하도록 한 자율성이 높은 제어 장치이다. 미국 전기 공업회 규격(NEMA : National Electrical Manufactrurers Association)에서는 '디지털 또는 아날로그 입출력 모듈을 통하여 로직, 시퀀싱, 타이밍, 카운팅, 연산과 같은 특수한 기능을 수행하기 위하여 프로그램 가능한 메모리를 사용하고 여러 종류의 기계나 프로세서를 제어하는 디지털 동작의 전자 장치'로 정의하고 있다.

**표 3-3** PLC 적용 분야의 예

| 분 야 | 제 어 대 상 |
|---|---|
| 식료 산업 | 컨베이어 총괄 제어, 생산라인 자동 제어 |
| 제철, 제강 산업 | 작업장 하역 제어, 원료 수송 제어, 압연 라인 제어 |
| 섬유, 화학공업 | 원료 수입 출하 제어, 직조 염색 라인 제어 |
| 자동차 산업 | 전송 라인 제어, 자동 조립 라인 제어, 도장 라인 제어 |
| 기계 산업 | 산업용 로봇 제어, 공장 기계 제어, 송/배수 펌프 제어 |
| 상하수도 | 정수장 제어, 하수 처리 제어, 송/배수 펌프 제어 |
| 물류 산업 | 자동 창고 제어, 하역 설비 제어, 반송 라인 제어 |
| 공장 설비 | 압축기 제어 등 다양 |
| 공해 방지사업 | 쓰레기 소각로 자동 제어, 공해 방지기 제어 |

## (1) PLC 프로그래밍 언어

① IEC61131-3 : 국제 전기 표준 회의(IEC)가 1993년 12월에 발향한 표준 규칙으로, PLC 용의 이하 5종류 프로그램 언어를 정의한 것이다.

② IL(Instruction List) : 어셈블리 언어 형태의 언어로 현재는 거의 사용되지 않는 언어이다.

③ LD(Ladder Diagram) : 릴레이 로직 표현 방식의 언어로 사다리라는 의미를 가지고 있다. 전원을 생략하여 로직을 표현하고, 코일이나 접점 등의 그래픽 기호를 통하여 PLC 프로그램을 표현하며, 현재 가장 널리 사용되는 언어이다.

**그림 3-4** PLC 프로그램 라다그래프

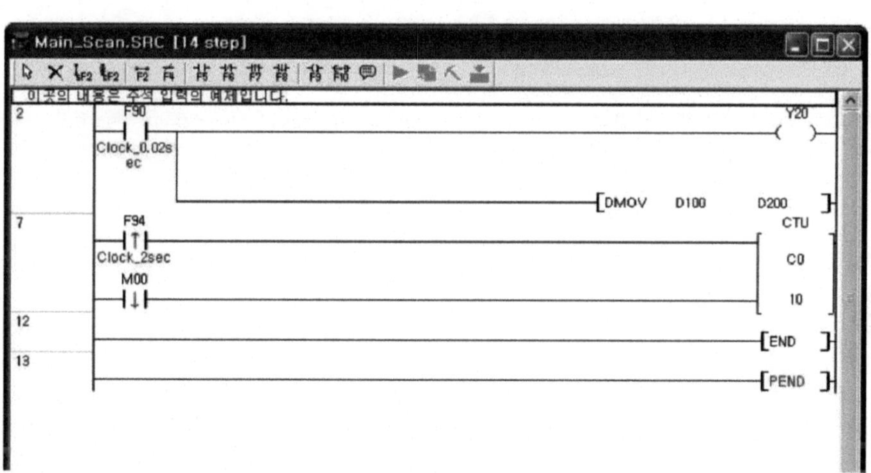


④ SFC(Sequential Function Chart) : 제어 동장을 Step과 Transition 등의 그래픽 기호를 사용하여 프로그램 실행 순서와 실행 조건을 표현하는 기술 형식이다.

⑤ FBD(Function Block Diagram) : 시퀀스 프로그램 내에서 반복하여 사용하는 회로 블록을 부품화하여 프로그램에서 활용할 수 있도록 하는 프로그램 기능이다.

⑥ ST(Structured Text) : 선택, 반복 등의 언어구조를 가지며 Pascal과 유사한 구조화 텍스트 언어이다. 공업제어용 고급언어로, LD에서 기술하기 어려운 수치연산 처리를 기술할 때 사용된다.

그림 3-5 PLC 프로그램 회로도

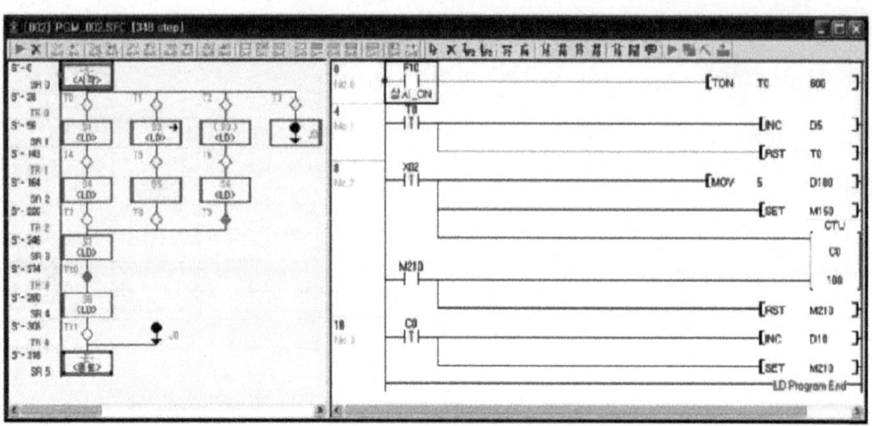

그림 3-6 PLC 기호 및 용어

| 구 분 | 릴레이 로직 | PLC 로직 | 내 용 |
|---|---|---|---|
| A 접점 |   | ─┤ ├─ | 평상시 개방(Open)되어 있는 점점<br>N.O.(Normally open)<br>PLC 외부입력, 내부입력 On/Off 상태를 입력 |
| B 접점 | 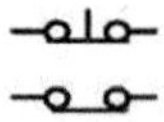  | ─┤/├─ | 평상시 폐쇄(Closed)되어 있는 접점<br>N.O.(Normally Closed)<br>PLC : 외부입력, 내부출력 On/Off 상태의 반전된 상태를 입력 |
| C 접점 | 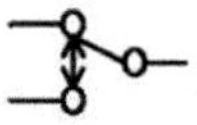  | 없음 | a, b접점 혼합형으로 PLC에서는 로직의 조합으로 표현 |
| 출력코일 |  | ─( )─ | 이전까지의 연산 결과 접점 출력 |
| 응용명령 | 없음 | ─[ ]─ | PLC 응용 명령을 수행 |

## 04 기타, 산업제어 프로그램

SCADA, DCS 등 산업 부분 및 하부구조에서 자주 사용되는 여러 가지 형태의 제어시스템으로 아날로그 및 디지털 데이터를 측정하는 센서부, 이력 데이터를 획득하는 입력부, 운전자가 이상상황의 감지 및 대응을 위한 HMI로 구성되어 있다.

① SCADA(Supervisory Control and Data Acquisition) : 통신 경로상의 아날로그 또는 디지털 신호를 사용하여 원격 장치의 상태 정보 데이터를 RTU로 수집, 수신-기록-표시하여 중앙 제어 시스템이 원격 장치를 감시 제어하는 시스템이다.

② DSC(Distributed Control System) : 중앙 집중형 DDC의 저신뢰성, 고가격, 취급상의 문제점을 개선한 중대형 분산제어 시스템이다.

현대로보틱스 자동차 솔루션

# 제05절 체력관리와 안전사고예방

## 01 기초 체력관리

독일의 유명한 격언으로, '돈을 잃으면 조금 잃는 것이고, 명예를 잃으면 많이 잃는 것이며, 건강을 잃으면 전부 다 잃는 것이다'라는 말은 누구나 알고 있다. 그만큼 건강관리가 중요한 것으로, 평소에 자기 몸관리가 최우선이다. 우리의 옛말에서 壽高(수고)라는 뜻도 마찬가지로 체력관리이다.

건강상태가 약하면, 개인적으로나 조직에서 그 사람을 보는 시각이 다르고, 기회가 주어지지 않을 수도 있다.

튼튼한 체력을 유지하기 위해서는 여러 운동들이 있지만, 옛말에 走者不老(주자불노)의 뜻이 '달리는 사람은 늙지 않는다'로, 간간한 줄넘기와 달리기만 해도 건강유지가 되니까, 꾸준히 실천하는 습관을 길러야 한다.

## 02 위생관리와 안전사고 예방

### (1) 위생관리(상세한 설명이 필요 없고, 극히 상식적인 활동)

① 몸과 의복의 청결, 피로 해소를 위한 활동

② 평소 가벼운 운동

③ 음악 청취와 같은 정신건강관리

④ 오염원 제거와 예방활동(예방주사, 코로나19와 같은 전염병 퇴치)

⑤ 정기적인 건강검진과 체력 테스트

⑥ 적절한 영양소 섭취도 따라야 한다.

### (2) 현장에서 일어나는 4대 안전사고

산업재해로 인한 인명사고, 교통사고를 포함하여, 하루에 24명 내외로 귀한 목숨을 잃고, 다치는 안타까운 사실에, 우리는 '항상 안전을 먼저 생각'하며 살아가야 한다.

이런 사고는 대부분 '**안전불감증**'에서 비롯되어 발생하는 사고이며, 후진국성의 안전사고는 정말 부끄러운 것들이다.

이에, 기업 현장에서 일어날 수 있는 위험요소의 몇 가지와, 신체적 변화에 따라 생체 기능의 변화에 따라 7가지 취약한 것들을 소개한다.

① **고 에너지에 의한 위험** : 빠른 속도(운동에너지), 무거운 물체(운동 · 위치에너지), 높은 에너지를 가진 물체(화학, 각종 에너지)를 잘못 취급과 관리부재로 인한 안전사고가 발생하는 유형과,

② **사람과 기계의 간섭에 의한 위험** : 부딪치고, 틈새에 끼고, 떨어지고, 감겨 버리는 등의 잘못에 의한 안전사고 발생과,

③ **기계가 부서지면서 위험** : 발산(發散)의 조건이 될 때, 불안정한 상태로 장치가 무너지거나, 부식이 일어나 장치가 견디는 한계가 넘을 때, 기계적 피로가 일어나 무너질 때, 물체가 물러서 일어나는 붕괴가 될 때에 일어날 수 있는 안전사고의 유형과,

④ **사고(思考)정지가 될 때 일어나는 위험** : 아무 생각 없이 일을 할 때 일어나는 인간의 실수에 의한 사고(Human Error), 매뉴얼 · 지시 · 법률에 따르지 않아 발생되는 사고, 외부 영향에 의한 충격 등으로 누수(유체/가스 등의 위험물)에 의한 사고, 제어 안전장치가 있어 안전하다고 믿는 생각, 주변 기기는 중요하다고 생각하지 않아 생기는 사고, 수리 후에 확인을 태만하여 생기는 사고, 트러블을 대단한 것으로 생각하지 않는다는 생각으로 생기는 사고, 정격 구역 이외로, 대수롭지 않게 여겨 일어나는 사고 등이 있는데 무엇보다도, '**안전 불감증의 자세**'이 문제가 대부분 차지한다.

### (3) 나이가 들어가면 생체 기능의 변화

① **성격(性格)의 변화** : 근무조건과 환경에 영향을 받아, 고집성의 변화, 취미 · 관심 등이 좁아짐.

② **정보처리 기능의 저하** : 기억력, 추리력, 수적처리, 지각능력, 등의 저하.

③ **감각능력의 저하** : 시력(視力), 청력(聽力), 평형(平衡)감각, 등의 저하.

④ **운동기능의 저하** : 협응력(協応力), 치밀함, 선택반응, 등의 저하.

⑤ **호흡기 · 순환기 계통의 기능 저하** : 폐활량의 감소, 심박출량(心拍出量), 동맥의 경화, 등의 경향.

⑥ 체력(體力)의 저하 : 다리 힘, 허리 힘, 팔 힘, 쥐는 힘 등이 저하.

⑦ 나이가 들수록 능력 확대 : 경험에 의한 감(勘), 판단력 기능 등이 강화 된다.

# 제06절 개인윤리와 직업윤리의식 고취

## 01 윤리의 기본

개인윤리는 양심에 어긋나는 행동을 하여 항상 자신의 마음속에 개운치 않은 죄책감이 남아 있고, 양심의 가책을 가지게 된다. 이에, '**우러러 하늘에도 부끄럽지 않고, 굽어 땅에도 부끄럽지 않다**'는 깨끗한 행동으로 떳떳이 살아가야 하는 것이 기본이다.

윤리적인 책임은 사회가 기대하고 요구하는 바를 충족시킬 수 있어야 하며, 법적 강제성은 띠고 있지는 않는다. 그러나 조직에서는 불이익의 제재를, 사회적으로 문제를 일으킬 경우에는 형사적 책임도 질 수 있다.

자선적 책임으로는, 자발적인 책임의 수행과, 윤리경영과는 다른 개념의 책임으로 사회에 공헌하고 기여를 하는 책임이다.

조직에서 직무윤리 의식개혁과 부패비용 감소를 위해서는, 조직윤리는 직원에게 직무윤리를 확립하고 의식개혁을 통하여, 애사심, 자긍심 및 보람을 느끼게 하며, 세계적 윤리 환경의 변화와 선진국의 '**의식 글로벌화**'에 기여하고, 철저한 내부 감시 장치를 구축하여 임직원과 관련된 부패비용을 절감시키는 효과를 만들어야 한다.

**그림 3-7** 기업에서의 윤리 책임 구분

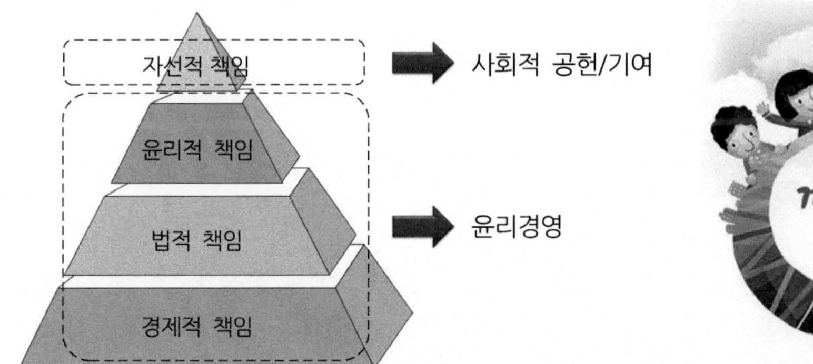

## 02 조직 활동에서의 윤리

생산 활동에서의 윤리는 다음 7가지로 구분할 수 있다.

### (1) 설계관리윤리

제작될 시방을 결정하는 중요한 단계로, 담당자가 결정해야 하는 설계의 원칙, 양심적인 계산(수익성 포함), 지식적인 면에서 내용을 잘 숙지하여 설계에 임해야 하는 윤리이다.

### (2) 공정관리윤리

작업이 계획대로 진행 되도록 통제하는 윤리적인 관리 활동으로, 3요소로 시장과 고객의 요구에 적용하는 품종과 품질을 제공하며, 적정한 시기에 적정한 수량을, 시장이 요구하는 가격으로 서비스로, 생산하는 활동의 기초단위의 윤리를 말한다.

### (3) 자재관리윤리

생산에 필요한 재료의 계획, 자재통제관리로, 적정한 자재를 구입하고 생산성을 높이는 데 있어서, 자재 구입의 검사기준, 기타의 표준설정, 리드타임의 개선과 유지, 불량 감소, 표준품과 규격품의 사용, 자재 보관의 적절화, 파손의 방지, 생산 및 출하 판매의 적정 재고관리를 해야 한다.

### (4) 품질관리윤리

고객과 소비자를 만족시킬 수 있는 제품을 경제적으로 공급하기 위해 수행되는 제품의 질에 대한 윤리적 활동으로, 품질표준의 설정, 제품의 검사, 품질의 유지와 향상을 위한 활동으로, 최근에 윤리적 품질관리에 의해 전사적으로, 각 분야에서 품질향상의식을 고취시키는 추세로, 신제품의 개발, 품질보증과 불량품 제조방지, 품질의 지속적인 개선 내지 고급화를 하는 면으로 목적으로 부각되고 있다.

### (5) 재고관리윤리

재고 통제에서, 원재료, 부품, 재공품 및 제품 등의 형태로서 기업 내부에 존재하고 있는 재고품의 양과 질을 최적하게 유지함으로써 생산 활동이 원활하게 진행되어, 기업의 수익성의 향상과, 재고 투자가 적정화가 되도록 계획 · 통제하는 관리활동이다. 이에, 역할과 목적이 재고 보유의 손실을 비교 · 평가하여 적절한 양과 질의 재고를 적정시기에 보유하고, 안전재고의 유지와 표준재고 등을 결정하는 관리 활동이다.

### (6) 원가관리윤리

기업 평가에서 기초가 되는 부문으로, 업적을 담당자에 대해 업적을 측정하고 평가하는 것이며, 현장에서부터 전제가 되어, 작업의 표준화, 조직의 정비, 원가인식의 확립이 있다. 역할과 목적으로는 시장가격에 대해 기업의 적정 이윤, 견적원가대로 생산 수행이 유지되도록 통제를 하는 것이며, 각 분야의 개선성과를 집약하여 원가개선에 반영한다.

### (7) 근로자윤리

생산 활동에서 중심적 역할을 하는 근로자의 직무만족의 여부와 근로자들의 책임에 대한 논의에서, 근로자의 권리를 주장은 노동자의 소외, 노동조건에 자신의 통제 부족, 노동자의 비인간화를 최소화 할 의무사항 등이 있으나,

근로자의 윤리문제는 생산성 향상의 여부가 중요한 부문으로, 이는 기업 이윤과 연관이 되고 고용 증대, 노동시간 단축, 임금 인상, 복지후생 등이 개인의 저축으로 연결되어 생활 안정을 촉진시킨다. 기업윤리의 실천에는 기본 원칙으로, 다음 표 3-4와 같이, 최고경영자의 확신과 명확한 윤리 강령과, 구체적 행동준칙, 이해 관계자 원칙 존중, 기업문화화, 윤리관리의 제도화, 평가와 개선 순으로 진행된다.

**표 3-4** 기업윤리의 성공적인 관리방법의 요약

| 기본 원칙 | 구체적 내용 |
|---|---|
| 1. 최고 경영자의 확신 | 1. 기업윤리는 시정경제 유지 발전에 필요<br>2. 기업윤리는 강력한 경쟁력 보유<br>3. 기업윤리는 기업의 장기적인 이익<br>4. 기업윤리는 부가가치를 창조 |

| 기본 원칙 | 구체적 내용 |
|---|---|
| 2. 명확한 윤리강령과 구체적 행동준칙 | 1. 정의론에 입각한 판단기준<br>2. 내부 고발자의 의무화<br>3. 행동강령 위배 시의 명확한 처벌규정<br>4. 경영책임과 윤리책임의 분리<br>5. 윤리강령은 범세계적이라야 한다. |
| 3. 이해관계자 원칙존중 | 1. 이해관계자의 이익중시<br>2. 장기적인 관점에서 보아야 한다.<br>3. 윤리적 사고는 사전조치해야 한다.<br>4. 여론과 협력해야 한다. |
| 4. 건전기업의 기업문화化 | 1. 경영계획 속에 윤리가 포함되어야 한다.<br>2. 종업원 업적 평가기준에 윤리가 포함시킴<br>3. 무리한 원가절감 요구나 가격 인하 회피<br>4. 자원봉사활동의 장려<br>5. 교육강좌 |
| 5. 윤리관리의 제도화 | 1. 윤리위원회의 설치<br>2. 윤리설과 윤리담당 임원 배치 |
| 6. 평가와 개선 | 1. 윤리관리제도의 개선<br>2. 윤리강령과 종업원 행동준칙의 개정 |

참고자료 : 기업윤리실천매뉴얼, 한국기업윤리학회, 전경연.

"조직이 명성을 얻는데 60년이 걸리지만 그것을 잃는 데는 60초가 걸린다."

-바크셔 헤서웨이-

## 03 청탁금지

청탁이란 쉽게 되지 않는 일을 여러 가지 비윤리적인 방법으로 부탁을 하는 것으로, 국제표준화기구인 ISO 37001의 반부패 경영시스템인증에 있는 주요 내용으로 다음 5가지를 소개하면, 이는 조직상에서 최고경영자 또는 권한이 주어진 사람들의 부패방지를 위한 제3자의 평가를 받는 시스템으로 국제적으로 공인화가 되어 있고, 우리 사회도 마찬가지로 적용이 된다.

① 조직은 뇌물수수 등 부패 행위가 일어날 수 있는 대상 또는 리스크를 식별 · 평가하고 예방 · 탐지 · 대응 계획을 수립 · 시행한다.

② 최고경영자가 부패방지의 경영의지를 표명하고 주기적으로 실행 여부를 점검·감독한다.

③ 부패방지준수 책임자를 임명하여 부패행위에 대한 모니터링체제를 갖추고 지속적으로 평가·개선을 한다.

④ 최소 1년에 1회씩 시스템적으로 작동되고 있는지 자체 점검하고, 제3자(인증기관)에 의한 적합성을 받는다.

⑤ 국제표준화기구(ISO)에서 만든 규정을 따르는 것으로 국제적 신뢰를 받는다. 우리나라는 『김영란法』에서 정한 조직의 부패방지 노력의 증거(사업주 면책)도 될 수 있다.

**금지행위 자세히 보기 예**

**01 인가 · 허가 등 업무 처리**

인가·허가 등 직무 관련자로부터 신청을 받아 처리하는 직무에 대하여 법령을 위반하여 처리하도록 하는 행위

**02 행정처분 · 형벌부과 감경 · 면제**

인가·허가의 취소, 조세, 과태료 등 각종 행정처분 또는 형벌부과에 관하여 법령을 위반하여 감경·면제하도록 하는 행위

**03 채용 · 승진 등 인사 개입**

채용·승진·전보 등 공직자 등의 인사에 관하여 위반하여 개입하거나 영향을 미치도록 하는 행위

**04 공공기관 의사결정 관여직위 선정 · 탈락에 개입**

법령을 위반하여 각종 심의·의결·조정 위원회의 위원, 공공기관이 주관하는 시험 위원 등 공공기관의 의사결정에 관여하는 직위에 선정·탈락되도록 하는 행위

**05** 공공기관 주관 수상 · 포상 등 선정 · 탈락에 개입

공공기관 주관하는 각종 수상, 포상, 우수기관 선정 또는 우수자 선발에 관하여 법령을 위반하여 특정 개인 · 단체 · 법인이 선정 또는 탈락되도록 하는 행위

**06** 입찰 · 경매 등에 관한 직무상 비밀 누설

입찰 · 경매 등에 관한 직무상 비밀을 위반하여 누설하도록 하는 행위

**07** 특정인 계약 선정 · 탈락에 개입

계약 관련 법령을 위반하여 특정 개인 · 단체 · 법인이 계약의 당사자로 선정 · 탈락되도록 하는 행위

**08** 보조금 등의 배정지원, 투자 등에 개입

보조금 · 장려금기금 등의 업무에 관하여 법령을 위반하여 특정 개인 · 단체 · 법인에 배정 · 지원하거나 투자 · 출자 등을 하도록 개입하는 행위

**04** 공공기관이 생산 · 공급하는 재화 및 용역의 비정상적인 거래

공공기관이 생산 · 공급 관리하는 재화 등을 특정 개인 · 단체 · 법인에게 정상적인 거래관행에서 벗어나 매각 사용 등을 하도록 하는 행위

**10** 학교 입학 · 성적 등 처리 · 조작

각급 학교의 입학 · 성적 · 수행평가 등의 업무를 법령을 위반하여 처리 · 조작하도록 하는 행위

**11** 징병검사 등 병역 관련 업무 처리

징병검사, 부대 배속 등 병역 관련 업무에 관하여 법령을 위반하여 처리하도록 하는 행위

**12** 공공기관이 실시하는 각종 평가 판정 업무 개입

공공기관이 실시하는 각종 평가 · 판정 업무에 관하여 법령을 위반하여 평가 또는 판정하게 하거나 결과를 조작하도록 하는 행위

**13** 행정지도 · 단속 등 결과 조작, 위법사항 묵인

법령을 위반하여 행정지도 · 단속 등 대상에서 특정 개인 · 단체 · 법인이 선정 · 배제되도록 하거나 그 결과를 조작 또는 묵인하게 하는 행위

**한 기업체 업무수칙의 예(아주스틸㈜)**

① 변명을 하지 않는다.
② 불가능한 이유의 설명보다 할 수 있는 방향으로 노력을 기울인다.
③ 먼저 걱정부터 앞세우지 않는다.
④ 곧바로 실행을 한다.
⑤ 곤란함을 겪지 않으면 지혜가 나오지 않는다.
⑥ 완벽(Perfect)을 추구하지 않고, 60%라도 우선 실행해 본다.
⑦ 『납기 없는 지시』는 무시해도 좋다.
⑧ 도전 목표를 가지고 오늘이 최저(最低)라고 생각한다.
⑨ 문제가 있는 곳에 Top이 앞장선다.
⑩ 내일로 미루지 말고 바로 해 버린다.
⑪ 개선이 되지 않은 안(案)은 작성하지도 않는다.
⑫ 잘못된 것은 현장에서 바로 고친다.
⑬ 능력이 없는 게 아니라 지혜가 없는 것이다.
⑭ 『돈』을 쓰지 않는다, 『지혜』를 낸다. 『지혜』가 없으면 땀을 낸다.
⑮ 조정은 나쁘다고 생각하고, 기술이 없는 부문은 작업자가 대신한다.
⑯ 신화를 깨뜨린다. 반드시 더 좋은 방법이 있다.
⑰ 아무리 돈을 세어 봐도 돈은 늘어나지 않는다.
⑱ 생각하는 시간보다 실행하는 시간을 늘린다.
⑲ 진짜 원인을 추구하는 왜!를 5번 자문(自問)한다.
⑳ 변화하고 행동하며, 개선은 무한하고 끝이 없고, 오로지 시작만 있다.
㉑ 시간은 동작의 그림자다. 움직임을 살핀다.
㉒ 『롯트 크기』가 관리 · 감독자의 실력이다.
㉓ 확실한 정보를 전달하도록 한다.
㉔ 어처구니없는 실수는 시스템을 바로 고친다.

전사적 품질경영 및 업무의 보증에 따른 개인별 양심 선언문의 예시
(각 직급별 직무 내용이 상이하여 항목을 조정, 개인별로 제시한다)

<table>
<tr><th colspan="2">나의 업무 품질보증 선언</th></tr>
<tr><td><br>임원급<br>(공장장, 이사)</td><td>임원급의 역할과 일의 관리<br>1. 주요 담당 업무와 역할 :<br>2. 나의 일이 회사에 미치는 영향 :<br>3. 업무의 효율 및 성과관리와 장기 계획 :<br>4. 자기계발을 위한 활동 :<br>5. 나의 좌우명(motto) :<br>6. 입사일자 : 20__년 00월 00일 (총 경력 00년)</td></tr>
<tr><td colspan="2"></td></tr>
<tr><td><br>부서장급<br>(과장, 차 · 부장, 팀장)</td><td>간부 · 부서장급의 역할과 일의 관리<br>1. 주요 담당 업무와 역할 :<br>2. 나의 일이 남에게 미치는 영향 :<br>3. 업무의 성과관리(질, 양, 속도)와 계획 :<br>4. 자기계발을 위한 활동 :<br>5. 나의 좌우명 :<br>6. 입사일자 : 20__년 00월 00일 (총 경력 00년)</td></tr>
<tr><td colspan="2"></td></tr>
<tr><td><br>대리 · 사원급<br>(직반장, 경리담당)</td><td>사원급의 역할과 업무<br>1. 주요 담당 업무와 역할 :<br>2. 나의 일이 남에게 미치는 영향 :<br>3. 의혹을 사지 않기 위한 실행사항 :<br>4. 자기계발을 위한 활동 :<br>5. 나의 좌우명 :<br>6. 입사일자 : 20__년 00월 00일 (총 경력 00년)</td></tr>
</table>

# 제07절 국제화시대에 필요한 언어능력

## 01 기본 회화와 독해력

어학(외국어)의 수준을 높이는 데는 왕도가 없다고 하듯이, 영어는 평소에 습관화를 해야 익혀진다. 해보겠다는 결심과 의지가 있으면, 3개월의 기본 기간이 필요로 하다는 것은, 대학의 연구 결과가 말해 주듯이 실력의 향상은 시간의 투자를 해야 한다.

특히, 일상 영어의 수준을 갖추는 데에는 실용적으로 말하기에 도전을 하기 위해서는 체계적인 계획을 세워야 하는데, 예를 들어, 본인의 수준에 적절한 교재를 구입하여 수차례 반복하여 습득하거나, 방송을 꾸준히 듣는다든가, 확실한 의지가 있는 실천을 해야 한다.

이에, 과연 영어로는 어떻게 표현할 수 있는지 영어적인 사고로 접근하여, 알고 있는 단어와 조합하여 문장을 머릿속에 떠올려 보면서 교재와 비교하며, 정확한 표현과 문법을 잡아 보며 익혀 나가야 한다.

예를 들어, 100가지의 기본 문장을 익히면서, 그 문장에서 단어만 바꾸면서 습관화를 하고, 그 다음에 다른 100가지 문장을 익히며 앞과 같이 단어를 바꾸어 가면서 문장을 다듬어 간다면, 자신감에 회화의 높은 수준으로 향상되어 갈 것이다.

영어 회화 수준의 기본을 확보하기 위한 5단계 활용 방법의 예를 들면,

① 자기 진단의 단계(Pre-test)

본인의 말하기 문법 수준을 파악하기 위해 학습할 대화문 내용에 접근하여 들어 봐야 한다.

② 듣기 단계(Listen Up)

말하기 전 반드시 해야 할 듣기 선행 학습을 통해 귀를 뜨이게 하고, 받아쓰기 작업을 통해 단어의 철자 및 문장의 확인을 하며, 자신의 어휘 수준을 알고, 주어진 한 가지 질문에 2가지 상황을 제시하며 같은 질문이지만 생각의 차이로 다르게 답변하는 대화 문장을 통해서 영어적 사고 및 말하는 방법을 익히도록 한다.

③ 말하기 단계(Speak Up)

대화 내용을 자세히 들어 보면서, 몇 가지 주요 구문을 눈으로 확인하여 자신의 목소리 말해 보며, 정확한 발음과 억양이 맞는지 확인한다.

④ 주요 문법 학습 단계(Grammar Check)

대화 속 기본 영문법을 체크하면서, 문장을 구조 및 표현의 쓰임을 익히며, 문장 구조의 뼈대를 익히면서, 문법 요소 당 2개의 예문과 Self-test를 통해 연습한다.

⑤ 한 걸음 더 나아가기 단계(Further Study)

사용되는 표현 방식, 어휘력을 익히며 여러 예문을 통해 어역 훈련을 하는 마무리 단계이다.

## 02 기초 공업 영어의 터득

기업체에서 많이 접하는 공업 영어에서는 전문 용어이지만 어렵지는 않는 단어와 문구들이다. 이러한 용어나 문장은 항상 접하는 것이므로 기본 단어 · 문장이 필수로, 현장 실무적으로 설비매뉴얼, 절차서, 지침서, 주의사항 등을 많이 접한다.

## 03 한자권의 언어 습득

한자권 문화에 있는 우리나라는 국제적 거래와 경쟁을 갖추기 위해서는 영어는 필수이고, 한문, 일문도 기본적으로 알아야 한다. 이것들은 어학이 아니고, '**업무의 도구**'라 볼 수 있으니 피해갈 수 없는 여건이다.

국제적 거래를 하기 위해서는 기본을 갖추는데 필요한 용어, 격식 등을 습득하기 위한 참고용 전문 서적들이 많이 접할 수 있는데, 이 또한 기본의 습득은 노력과 의지에 달렸다고 본다.

# 제08절 전문성 있는 자격 · 면허 획득

## 01 전공별 자격증 현황

국가기술자격법에 의한 국가기술 자격증(2019년 3월 기준)이 한국산업인력공단에서는 26개 종목으로 구분하여, 자격증 시험을 실시하고 있다.

국가기술자격 체계는 기능계에는, 기능사, 산업기사, 기능장, 기술계에는, 기사, 기술사로 되어 있는데, 본인의 전공 분야에는 최소한 2~3개 정도 있으면 기본 스펙을 갖추었다고 볼 수 있다.

또한, 한국산업인력공단 외 9개 기관에서 실시하는 특수 자격이 다음 표 3-5에 있다.

**표 3-5** 관리기관별 자격 종목

| 기 관 | 종 목 |
|---|---|
| 한국산업인력공단 | 기술사, 기능장, 기사(산업기사), 서비스 분야, 기능사 전종목 - 495종목 (한국산업인력공단 홈페이지를 참조) |
| 한국원자력안전기술원 | 원자력 발전, 방사선관리기술사, 원자력기사 - 3종목 |
| 영화진흥위원회 | 영상산업기사, 영상기능사 - 2종목 |
| 한국콘텐츠진흥원 | 게임기획전문가, 게임그래픽전문가, 게임프로그래밍전문가 - 3종목 |
| 한국방송통신전파진흥원 | 정모통신기술사 · 기사 · 산업기사, 무선설비기사 · 산업기사 · 기능사, 전파전자통신기사 · 산업기사 · 기능사, 통신설비기능장, 통신선로산업기사 · 기능사, 통신기기기능사, 자원관리기술사, 시추기능사 - 7종목 |
| 한국광해관리공단 | 광해방지기술사 · 기사, 광산보안기사 · 산업기사 · 기능사, 자원관리기술사, 시추기능사 - 7종목 |
| 대한상공회의소 | 전산회계운용기사1, 2, 3급, 워드프로세서, 한글속기1, 2, 3급, 비서1, 2, 3급, 컴퓨터활용능력1, 2급, 전자상거래관리사1, 2급, 전자상거래운용사 - 15종목 |
| 한국인터넷진흥원 | 정보보안기사 · 산업기사 - 2종목 |
| 한국데이터산업진흥원 | 빅데이터분석기사 |
| 한국디자인진흥원 | 서비스경험디자인기사 |

## 02 미래에 인기 있는 전문 자격

미래에는 빠른 기술발전으로 많은 직업이 바꾸어지는데, 현재 없어지고 있는 직업도 있고, 앞으로 수년 내에 없어지고 새로 탄생하는 직업 또는 직종이 생길 것이다. 그러나, 뿌리산업에 관련되는 직업이나 자격증은 없어지지 않을 것이다. 다만, 방법은 바뀔 수도 있다. 그리고, 3D 프린팅, 자율운행 자동차, 드론, 로봇산업, AI(인공지능), AR/VR, 메타버스 등 신기술에 관련되는 자격증이 인기가 있을 것이고, 아래 그림 3-8은 미래의 주력산업 일부를 나타냈고, 자격의 응시 절차는 홈페이지(https://www.hrdkorea.or.kr/)를 참조한다.

**그림 3-8** 미래의 인기 주력산업

# 제09절 지도 선생님들의 자질 함양 권유

## 01 시대변화에 따른 전문 지식의 함양과 전문성 확보

사람을 키우는 인적 쇄신의 방법으로, 교육 · 훈련 · 학습이 있는데, 그 교육의 효과가 나타나기에는 오랜 시간이 가야 되고, 그리고, 젊은 20대 전후 시절에 배운 기억은 평생갈 수 있어 기초 교육이 중요하므로, 지도자의 역할과 임무가 막중하다고 볼 수 있다.

따라서, 교육에서 가장 중요한 것은 기초를 확실히 가르치고, 이해를 시키는 것이다.

교육자가 배운 지식과 교재가 오래 되었다면 빨리 보완하고, 새것으로 바꾸어 나가야 함은 누구나 아는 바이다. 현재 진행 중인 실업계학교의 학과 개편, 교과목 개편 등이 이에 해당되는데, 유럽의 공업선진국에는 학생들이 졸업하고 3년이 지나면, 다시 사회발전에 대한 전공별로 강의를 듣게 하는 제도가 있다.

이 제도는 시대의 흐름과 발전에 따라, 전문지식을 배우기 함이라 볼 수 있어, 우리나라도 이런 교육방식을 참고하여 인력의 질적 향상을 위한 정책도 필요로 하고 있다.

또한, 해당 지역에 있는 분야별로 그 산업 특성에 맞는 학생들이 배출될 수 있는 여건을 만들어, 취업을 하면 바로 현장에 적응할 수 있는 전문 인력을 양성하는 제도를 도입하는 것이 필요로 하고 있다(1장 7절/8절, 2장 5절 참조).

이러한 교육정책은 교육부에서 상세한 전략을 세워 백년을 내다보는 인재 육성에 기여를 할 수 있도록 함이 필요로 한다.

우리나라의 교육 열기는 세계적이고, 학벌도 최고라고 볼 수 있는 것은 아마도, 이것은 '어머니들의 치맛바람'이 자녀들을 위한 교육에 대한 적극성과, '빨리빨리 문화'가 있었기에, 이렇게 우리는 세계적으로 똑똑한 인재로 길러 냈고, 국가적인 빠른 발전이 되었다고 보여지니, 이 사실은 부정할 수가 없고, 이런 사회적 분위기가 지속적으로 이어져 국제화에 앞서 가기를 기대한다.

## 02 공적 교육의 이수

지자체별로 교육청에서는 중 · 고등학교 선생님들을 위한 연간 교육에서 해당 선생님들의 연수활동(국내 전문기관, 해외 선진교육의 현장)으로 선생님들의 국제화 감각도 익힐 수 있도록 하고, 각 학교별 특성화에 따른 전문교육 이수, 전문 분야별 세미나 등을 수강하면서 전문지식을 쌓는 것이 필요로 하고 있다. 이러한 교육의 기회에 전체 인원이 참석이 어려울 때에는 이수한 사람들이 전달 교육을 하여 정보를 동료들에게도 전달하는 방법도 있을 것이다.

이에, 학교에서는 선생님들의 교육에 필요한 전문 연구 활동 등에 필요한 시간적인 배려와, 전문 분야별 선생님들의 필요 인적 구성을 확보하여, 발전하는 고도산업사회의 수준에 맞추어 전문성을 가르칠 수 있는 교육자가 되도록 해주는 배려가 필요하다고 사료되니, 인적교육부의 확보된 예산 등으로 보아서는 충분히 개선이 가능하리라 보여진다.

## 03 견학 대상이 되는 분야 찾기

### (1) 전시회

전시회의 견학 대상이 분야별로 다양한데, 기계, 전기/전자, 건축, 정보통신, IT융합, 자동화, 한방, 식품, 지역 특산물 소개 등으로, 연간 개최되고 있어, 그 일정은 해당 기관의 연간 계획서를 보면 상세히 알 수 있다.

이런 전시회에 출품되는 상품, 제품은 최신에 개발되어 시중에 나오고 있는 것으로, 우리나라의 신제품의 소개와, 해외 메이커도 있어, 여러 제품을 한눈에 볼 수 있어, 발전하는 모습의 좋은 견학의 기회가 될 수 있다.

### (2) 생산 기업체 방문

생산 기업체의 방문으로, 해당 지역에 규모가 큰 기업체들의 견학으로, 제조 현장의 실물을 바로 보면서 설명을 듣는 기회를 만들면 산교육이 될 것이다. 철강산업에서부터 조선, 중공업, 자동차 및 부품산업, 전자제품, 자동화 기계, 요소별 부품 등을 현장의 실물을 보면 현재의 기술력을 알 수 있고, 앞으로, 이런 부문에 일을 한다면 필요한 지식이 무엇인지 등의, 궁금한 것의 질문, 회사 브로슈어, 카탈로그 등의 정보를 얻어, 현장의 실상을 엿볼 수 있는 참고 자료 등은 교육에 많은 도움이 될 수 있을 것이다.

### (3) 공공기관 견학 및 기관 홍보자료 전달

공공기관의 견학과 기관 홍보자료 전달로는, 정부의 기간산업체들을 직접 보여주는 견학 프로그램, 또한, 기관에서 학교에 자료를 제공하여, 간접 교육을 학생들에게 소개를 한다면, 효과가 있을 것으로 보이는 '회사 소개 동영상' 등에서, "우리기업은 이런 인재를 원합니다"라는 메시지를 넣어 홍보도 한다면 듣는 선생님들과 학생들은 교육에 참고가 될 수 있을 것으로 생각이 된다.

이와 같은, 현장의 견학을 연간계획에 넣어, 현장교육을 실시하는 계획을, 해당 기업체에 협조 요청, 각 지자체 교육청에 협조, 기업관리 공단관리청, 지자체 기관 등의 협조를 받으면 연결도 가능하리라 보여진다.

이러한 현장 견학은, 우리나라의 우수기업들에 대한 학생들의 희망과, 본인들이 갖추어야 할 지식 등이 학생들의 마음 자세와 각오를 달리하여, 그들로 하여금 꿈을 끼워줄 수 있는 방법이라 볼 수 있다.

# 참고 문헌


1. 중소벤처기업부, ESG 경영안내서 - 이해편.
2. 대한상공회의소, 중소 · 중견기업 CEO를 위한 알기 쉬운 ESG.
3. 기업의 ESG 경영에 대한 국내 · 외 연구동향, Clean Technol., Vol.28, No.2, 2022.
4. ESG 경영의 현주소와 미래 전망, 지역산업연구, 제44권, 제4호, 2021.
5. 지능형 로봇의 발전 동향, 항공우주산업기술동향, 11권, 1호, 2013.
6. 산업통상자원부, 반도체 산업 글로벌 동향 기술 및 정책, 2022.
7. 한국수출입은행 해외경제연구소, 시스템반도체 산업 현황 및 전망, 2020.
8. 정보통신산업진흥원, 조선해양 ICT산업의 현황 및 주요 정책사례 분석, 2019.
9. 해양수산과학기술진흥원, 미래 조선/해운 산업 선도를 위한 자율운항선박 기술, 2021.
10. 국회입법조사처, 조선산업 친환경 · 스마트화 동향과 입법 · 정책과제, 2020.
11. 산업통상자원부, K-조선 · 해운의 재도약, 상생협력을 통한 희망찬 미래, 2022.
12. 정보통신산업진흥원, 스마트시티 시범도시 헬스케어 서비스 발굴 및 이행방안 수립, 2020.
13. 한국 스마트 제조 산업협회, 스마트 제조기술 수준조사, 2018.
14. 엔지니어링 설계 관련 특허분석 수행결과 정리, TMNumbers, 2021.
15. 2019년 국가뿌리 산업 진흥 센터, 2021 뿌리산업-백서.
16. NCS 국가직무능력 표준.
17. AI타임스(http://www.aitimes.com)
18. blockchain council(https://www.blockchain-council.org)
19. NIA한국지능정보사회진흥원(https://www.nia.or.kr)
20. SBS뉴스(https://news.sbs.co.kr)
21. techalpine(http://techalpine.com)
22. The Science Times(https://www.sciencetimes.co.kr)
23. Secondlife(https://secondlife.com)
24. 사이언스타임(https://www.sciencetimes.co.kr)
25. 스타트업투데이(https://www.startuptoday.kr)
26. 오피니언뉴스(http://www.opinionnews.co.kr)
27. 일간투데이(http://www.dtoday.co.kr)
28. 위키백과(https://ko.wikipedia.org)
29. 한경(https://www.hankyung.com)
30. 한국섬유신문(https://www.ktnews.com)
31. 한국정보통신기술협회(https://www.tta.or.kr)
32. 강구봉 저, 생산 · 설계기법과 공장관리 지침, 610쪽, 기전연구사, 2019.
33. 강구봉 외 8인 공저, 스마트 제조혁신과 기업 생존전략, 336쪽, 기전연구사, 2021.

# 첨단기술의 이해

2023년 4월 3일 제1판제1인쇄
2023년 4월 7일 제1판제1발행

공저자 강구봉 · 김관식 · 김현택
이장범 · 정지영
발행인 나 영 찬

발행처 **기전연구사**

서울특별시 동대문구 천호대로4길 16(신설동)
전 화 : 2235-0791/2238-7744/2234-9703
FAX : 2252-4559
등 록 : 1974. 5. 13. 제5-12호

정가 20,000원





ISBN 978-89-336-1044-2
www.kijeonpb.co.kr